贝太厨房
美食系列图书

百变烤箱菜

贝太厨房 编著

U0336089

中国轻工业出版社

玩转烤箱

如果厨房中只能有一个做饭的工具，那我一定选择烤箱。有了它，鸡鸭鱼肉、蔬菜主食、汤品小食、烘焙面包……无所不能，值得说一句万能和百变。

很多人对烤箱的第一印象是烘焙专用，但做烘焙有一定门槛，小白很容易做成看起来很危险的"黑暗料理"。不过，做一些简单的烤鸡翅、烤蔬菜，大部分人都能轻松上手。从这一点不难看出，烤箱的包容度真是无限大。

这本书从最简单的蔬菜开始，囊括了肉类、海鲜、主食、甜点等几乎所有烤箱能做的美食种类，而且操作由易到难，做完一本书的菜，不知不觉就变成了烤箱菜小能手，既能准备简单快手的家常菜，又能制作出堪比餐厅的高级西餐和甜点。想偷懒时，可以用最简单的调味"三剑客"组合——油、盐、黑胡椒来应对。最常见的根茎类蔬菜、菌类、肉类几乎都可以用"三剑客"搞定，撒上调料、放入烤箱，烤个 15~20 分钟，就能搞定简单而丰富的一餐。周末时间充足时，可以从周五晚上就开始准备周末大餐，采购、备料，第二天开始制作香草脆壳烤羊排、白酒汁银鳕鱼……再搭配精致的餐后甜点，比如黑加仑奶酪蛋糕、莓果派、奶酪椰丝球……用一整天的时间享受制作的乐趣和品尝美味的幸福吧！

一个烤箱一本书，轻松应对各种场合。如果你家里的烤箱已经被遗忘在角落落灰了，赶快把它翻出来擦洗一新，跟着这本《百变烤箱菜》玩转烤箱吧！

《贝太厨房》主编

郑雪梅

目　录
CONTENTS

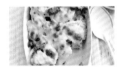

黑椒小土豆

焗土豆泥

什锦蔬菜串

缤纷烤蔬菜

香烤时蔬

烤蔬菜沙拉

烤球茎茴香

烤抱子甘蓝沙拉

辣烤茄子

焦糖香蕉

牛油果奶酪焗蛋

蜂蜜核桃烤无花果

香叶烤梨

烤梨核桃西芹沙拉配
蓝纹奶酪

石榴橘瓣沙拉

奶酪焗榴莲

羽衣甘蓝南瓜苹果沙拉

无肉不欢
第二章

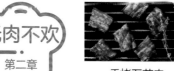

香烤五花肉

果味蜜汁叉烧骨

蜜汁叉烧肉

酱炙排骨

杏酱烤排骨

茴香小排

蜜香黑椒猪排

绿椒培根卷
062

培根时蔬卷
063

香辣烤肉串
064

乌龙火腿
065

火腿蔬菜卷
066

迷迭香烤猪颈肉
067

大棒肉
068

彩椒黑椒牛肉串
069

椒香牛肉干
070

洋葱烤牛肉
071

烤牛肉洋蓟
072

牛肉番茄酿
073

芦笋烤羊腿
074

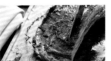
烤羊排
075

香草脆壳羊排
076

孜然烤羊肉
078

圣诞蜜汁香料烤鸡
080

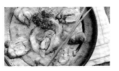
马沙文咖喱烤鸡
082

沙嗲鸡肉串
084

夏荷包春鸡
085

柠檬叶烤鸡腿
086

蜜汁烤翅根
087

深夜串烧鸡
088

甜辣烤鸡腿配酸柠檬酱
089

荷叶奶酪鸡
090

柠檬西梅蜜汁烤翅
092

郫县豆瓣烤鸡翅
093

黑椒烤鸭胸
094

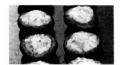

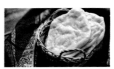

清爽蔬果

第一章

奶酪焗番茄

分量 **2 人份**　时间 **30 分钟**

香喷喷的焗烤番茄出锅后要及时吃，冷了卖相就不好了，味道也差很多。

用料：番茄 2 个、培根 1/2 条、马苏里拉奶酪丝 20 克、洋葱 10 克、鸡蛋 1 枚、盐 5 克、黑胡椒碎 3 克

做法：

1 将番茄切去顶部，用勺挖空，洋葱切碎，培根切小丁。
2 鸡蛋打散。将洋葱碎、培根丁、盐和黑胡椒碎一同搅拌均匀。
3 将蛋液倒入掏空的番茄当中，在口上盖满马苏里拉奶酪丝。
4 烤箱 250℃ 预热 10 分钟，上下火焗 10 分钟即可。

油浸圣女果

分量 **8 人份**　时间 **3.5 小时**

热情的意大利人发明了这道油浸圣女果。圣女果干混合着各式香料，再经橄榄油滋润，一口就能让你充分感受到浓缩的精华。

用料：圣女果 1 千克、海盐 2 茶匙、意式混合香料 1/2 茶匙、蒜 2 瓣、新鲜罗勒叶 5 片、法香 2 片、新鲜百里香少许、橄榄油 200 毫升

做法：

1 圣女果洗净后对半剖开，如果个头较大，可以切成 4 瓣，均匀地排放到烤盘上。

2 烤箱 140℃ 预热后，放入盛有圣女果的烤盘，上下火烤 80 分钟，再转 100℃ 继续烤 120 分钟，注意观察此时的圣女果，应该大部分水分已经被蒸发，表皮变皱，体积回缩。如果手指触碰时仍有湿润感，继续 100℃ 低温烤至干为止，时间视烤箱功率而定。

3 将新鲜罗勒叶、法香切碎，蒜切片，与意式混合香料、海盐、百里香混合，锅内放橄榄油，烧热后关火，倒入所有香料，搅拌均匀后晾凉。

4 选一个干净、干燥的密封罐，放入圣女果干，倒入晾凉的橄榄油，没过圣女果干，密封 2 周后即可食用。

圣女果沙拉

分量 2 人份　时间 35 分钟

用料：圣女果150克、彩椒1个、山羊奶酪30克、混合坚果30克、黑橄榄10克、刺山柑10克、罗勒3克、蒜1瓣、迷迭香1小枝、百里香1枝、橄榄油35毫升、盐4克、红酒醋20毫升

做法：

1 彩椒洗净、去蒂、去子、切圈。

2 黑橄榄对半切开。

3 蒜拍碎备用。

4 烤箱150℃预热。

5 在大碗中放入圣女果，淋入20毫升橄榄油。

6 加入2克盐、蒜碎、迷迭香、百里香拌匀。

7 平铺在烤盘中，放入烤箱烤20分钟，烤至圣女果表皮发皱。一次可以多烤一些，冷却、装罐后倒入上一步的橄榄油混合料，密封、冷藏保存。

8 将混合坚果铺入烤盘中，放入烤箱，170℃烤5分钟，烤出香味。

9 将彩椒圈、油浸圣女果、混合坚果、黑橄榄、刺山柑、山羊奶酪、15毫升橄榄油、2克盐、红酒醋和罗勒拌匀。

10 装盘即可上桌。

红糖肉桂烤南瓜

分量 2 人份　时间 30 分钟

用料：小南瓜 1 个、百里香 1 枝、核桃 20 克、无盐黄油 40 克、肉桂粉 3 克、蜂蜜 20 毫升、海盐 2 克、红糖 50 克

做法：

1　小南瓜去瓤、切角，核桃用手掰碎备用。

2　烤箱 210℃预热，将红糖、肉桂粉、海盐、化开的无盐黄油、蜂蜜放入碗中，混合成红糖蜜汁。南瓜、核桃碎、百里香平铺在烤盘上，将红糖蜜汁淋在南瓜表面，放入烤箱中烤 10 分钟后取出，将南瓜翻面，再次淋上红糖蜜汁，烤 10 分钟即可。

奶酪南瓜汤

分量 **2 人份**　时间 **35 分钟**

奶香浓郁的南瓜汤，味道甜蜜，口感细腻而醇厚，盛入小巧可爱的小南瓜中，色香味俱全。

用料：奶油奶酪 30 克、小南瓜 2 个、法香 3 克、黄油 20 克、洋葱 1/4 个、盐 1/2 茶匙、南瓜子仁少许、黑胡椒碎少许

做法：

1 将小南瓜从 1/3 处剖开，挖掉南瓜瓤，均匀地涂抹上 10 克黄油，放入烤箱中，180℃烤制 20 分钟，取出后将南瓜肉挖出，南瓜壳留用。

2 南瓜子仁、洋葱和法香分别切碎，备用。

3 锅中放入剩余的黄油，炒香洋葱碎，随后放入南瓜肉和适量水，大火烧沸，放盐和奶油奶酪充分混合，再放入料理机搅打均匀，倒入南瓜壳中，撒入南瓜子碎、黑胡椒碎和法香碎即可。

南瓜饼焗蘑菇

分量 **2 人份**　时间 **25 分钟**

用料：南瓜 120 克、面粉 30 克、鸡蛋 2 枚、口蘑 2 个、番茄酱少许、胡椒粉少许、葱末少许、盐适量

做法：

1 南瓜去皮、擦丝，鸡蛋搅拌均匀，将南瓜丝、面粉、胡椒粉和葱末放入鸡蛋液中拌匀。

2 热锅，凉油中倒入鸡蛋南瓜面粉浆，小火煎至两面微黄、熟透。将南瓜饼盛出后切成正方形小块。

3 口蘑切片，撒上盐和番茄酱，入 200℃ 烤箱烤 12~15 分钟（烤箱不用提前预热）。

4 将烤好的口蘑放在南瓜块上即可。

烤香草胡萝卜

分量 **2 人份**　时间 **20 分钟**

用料：迷你胡萝卜 500 克、鼠尾草 10 克、蒜 15 克、橄榄油 20 毫升、海盐 5 克、黑胡椒碎 5 克

做法：

1 烤箱 220℃预热，迷你胡萝卜洗净、去缨，留 2 厘米的茎，较大一些的胡萝卜对半剖开，小一些的较嫩，可以整根入菜。

2 蒜拍碎。将胡萝卜平铺到烤盘上，放蒜碎、鼠尾草，撒海盐、黑胡椒碎，淋橄榄油，放入烤箱中烤 15 分钟即可。

蔓越莓奶酪焗红薯

分量 **3 人份**　时间 **45 分钟**

用料：红薯 3 个、马苏里拉奶酪 30 克、开心果碎 15 克、蔓越莓干 10 克、黄油 25 克、白砂糖 20 克、牛奶 20 毫升

做法：

1 红薯洗净，用刀竖着划开一个口，放入 180℃ 预热后的烤箱中烤 25 分钟。

2 将红薯肉挖出来，与白砂糖、黄油、奶酪、牛奶、蔓越莓干搅拌均匀后再填回红薯中，表面撒少许奶酪。

3 放入 190℃ 预热后的烤箱中烤 10 分钟，取出后撒开心果碎即可。

烤红薯配蔬菜沙拉

分量 **4 人份**　时间 **40 分钟**

用料：红薯 4 个、紫甘蓝 50 克、杏干 20 克、香菜 15 克、酸奶 50 毫升、南瓜子碎 10 克、柠檬汁 10 毫升、盐 3 克

做法：

1 烤箱 220℃预热，在红薯表面用刀轻轻割开一个小口，摆在烤盘内，放入烤箱中烤 30 分钟。

2 紫甘蓝洗净、切丝，杏干切小块，酸奶中加入盐拌匀。

3 取出烤好的红薯，在割口处再次用刀深割，注意不要割断。

4 在割开的红薯内放入紫甘蓝丝、杏干、酸奶，撒上香菜、南瓜子碎，淋上柠檬汁即可。

TIPS

烤红薯前用刀割口，可以使烤好后红薯爆开的裂口更准确。如果不提前割口，烤好后红薯皮容易裂开得不规则。

奶酪红薯串

分量 **4 人份**　时间 **40 分钟**

软糯香甜的红薯泥加上烤得微微化开的奶酪片，既营养又美味。

用料　红薯 400 克、鲜奶油 3 汤匙、鸡蛋 1 枚、细砂糖 1 茶匙、无盐黄油 30 克、奶酪片 2 片、面包糠 60 克、油 30 毫升

做法：

1 鸡蛋打散，奶酪片切成 1.5 厘米见方的小块。

2 红薯洗净，削去外皮，切成小块，放入微波炉容器中，封上微波炉专用保鲜膜，放入微波炉，中高火加热 6 分钟。

3 红薯烤熟后趁热用叉子捣碎，加入无盐黄油、细砂糖、鲜奶油搅拌均匀。

4 将红薯泥捏成边长 1.5 厘米的扁方块，表面裹上蛋液，在面包糠中滚一下，使红薯块表面均匀地裹上面包糠。

5 中火热锅，油温五成热时，将裹了面包糠的红薯块放入锅中，炸至表面酥脆，捞出后沥油。

6 用竹签将炸好的红薯块穿起，每个竹签穿 2 个红薯块，每个红薯块上贴上 1 块奶酪，然后将红薯串放入烤盘。

7 烤箱 180℃预热，将烤盘放入烤箱烘烤 3 分钟，待奶酪稍稍化开，与红薯块粘在一起即可。

TIPS　红薯也可以换成紫薯、芋头，如果不想吃得太甜，糖的用量可适当减少。

洋葱莲花

分量 1 人份　时间 2 小时

用料： 紫色或白色洋葱 1 个、牛奶 600 毫升、面包糠 50 克、辣椒粉 5 克、干迷迭香 5 克、黑胡椒碎 5 克、欧芹碎 5 克、盐 10 克、橄榄油 30 毫升

做法：

1 剥去洋葱最外层干皮，切去根部，让其可以平稳地放置，顶端也切掉一点儿，然后切十字刀，再在每一瓣上切两三刀。注意不要全部切断，然后将洋葱瓣轻轻掰开，整理成莲花的形状。

2 将切好的洋葱放在一个大碗中，倒入牛奶，没过洋葱，冷藏 1 小时。

3 将面包糠、辣椒粉、干迷迭香、盐、黑胡椒碎拌匀，放入从牛奶中拿出的洋葱，裹匀。

4 烤盘铺上锡纸，放上洋葱，放进预热好的烤箱，200℃烤 20 分钟。拿出后刷上一层橄榄油，再放入烤箱烤 30 分钟左右。拿出后撒上欧芹碎，蘸酸奶油或沙拉酱食用。

奶酪焗菜花

分量 2人份　时间 20分钟

西餐中菜花的做法丰富，将这朵"抗癌之花"做成浓汤、比萨、咖喱菜，甚至直接焗烤，同样的食材配以不同的做法，美味自在其中。

用料　菜花250克、马苏里拉奶酪碎50克、面粉15克、红椒粒5克、黄油10克、牛奶130毫升、盐2克、白胡椒粉1克

做法

烤箱200℃预热，菜花洗净，切大块备用。

取一个奶锅，将面粉、黄油、牛奶、盐、白胡椒粉煮开，制成酱汁。

将菜花放入烤盘中，淋上酱汁，表面撒马苏里拉奶酪碎、红椒粒，放入预热好的烤箱中烤15分钟，表面金黄即可。

烤罗马菜花沙拉

分量 2 人份 时间 20 分钟

用料：罗马菜花 1 棵、石榴 1/4 个、橄榄油 15 毫升 、盐 2 克、混合干香草碎 2 克、蒜末 3 克

石榴蛋黄酱（甜）：去壳熟鸡蛋 2 枚、柠檬 1/2 个、橄榄油 30 毫升、盐 3 克、石榴汁 60 毫升、枫糖浆 10 毫升、柠檬皮 2 克

青椒酱（辣）：绿尖椒 1 个、蒜 3 瓣 、香菜 2 棵 、橄榄油 40 毫升、辣椒粉 2 克

做法：

1 将罗马菜花掰成小朵，洗净后沥干水分，加入橄榄油、混合干香草碎、蒜末、盐拌匀，平铺在烤盘上，烤箱 185℃ 预热，烤 15 分钟；石榴去皮、取子。

2 取出烤好的罗马菜花，装盘，撒上石榴子。

3 制作石榴蛋黄酱：将除柠檬外的所有食材混合，挤入柠檬汁，放入料理机搅匀。

4 制作青椒酱：绿尖椒在火上转圈烤焦表皮，刮去烧焦的表皮，去子、切块。蒜去皮，香菜洗净、去根，将绿尖椒、蒜、香菜、橄榄油、辣椒粉放入料理机，混合搅匀。

5 根据个人喜好选择酱汁，淋在罗马菜花上即可。

迷迭香烤蒜

分量 **2 人份**　时间 **1 小时**

这是西餐里对蒜最偏好的做法，单吃或搭配大肉，极为解腻添香，有点儿像烧烤时烤蒜的角色，只是口感更为精致、有层次。

用料：蒜 3 头、迷迭香 3 克、橄榄油 30 毫升、黑胡椒碎 10 克、海盐 3 克

做法：

1 烤箱 180℃预热，蒜去最外层皮、切去顶部。
2 蒜表面依次均匀放橄榄油、海盐、黑胡椒碎、迷迭香，覆盖一层锡纸，放入烤箱烤 30 分钟。揭去锡纸再烤 20 分钟即可。

TIPS
需选新鲜、含水量大的蒜。严格按烤制时间操作以达到最佳口感。表面覆盖锡纸是为防止水分流失，注意用锡纸的哑光面接触食物。

羽衣甘蓝脆片

分量 **2 人份**　时间 **30 分钟**

用料：羽衣甘蓝 350 克、橄榄油 15 毫升、柠檬汁 15 毫升、海盐 5 克、日式辣椒粉 5 克、黑胡椒碎 3 克

做法：

1 烤箱 120℃预热，羽衣甘蓝洗净、沥干，去除中间有苦味的茎，掰成小片。茎可以制作蔬菜高汤或在制作意式青酱时使用。

2 在羽衣甘蓝片上放橄榄油、柠檬汁和海盐，揉一两分钟，让每片叶片都裹上橄榄油和柠檬汁。橄榄油可以使羽衣甘蓝片更柔软，海盐可以中和苦味。

3 将羽衣甘蓝片铺在烤盘上，放入烤箱烤 20～25 分钟，烤到一半时取出翻面，直至叶片烤得酥脆即可。烤好后撒上黑胡椒碎、日式辣椒粉。

抹茶杏鲍菇

分量 **2 人份**　时间 **30 分钟**

用料：杏鲍菇 1 个、抹茶粉 30 克、蜂蜜 20 毫升、黄油 20 克

做法：

1 杏鲍菇洗净、沥干水分，切成圆形厚片，在表面用刀划出格子。

2 烤箱 180℃预热 10 分钟，烤盘铺上锡纸，涂黄油，摆上杏鲍菇片。

3 在杏鲍菇片表面均匀涂抹蜂蜜，放入烤箱，180℃上下火烤 8~12 分钟，待杏鲍菇微微变黄后取出，装盘，撒上抹茶粉即可。

迷迭香蘑菇串

分量　**2 人份**　　时间　**25 分钟**

香草和蘑菇是零负担的组合，香草的香和蘑菇的鲜最为和谐，健康而鲜美。

用料：杏鲍菇 1 个、鲜香菇 3 朵、新鲜迷迭香 12 个、柠檬汁 15 毫升、黑胡椒碎 5 克、海盐 3 克、橄榄油 15 毫升

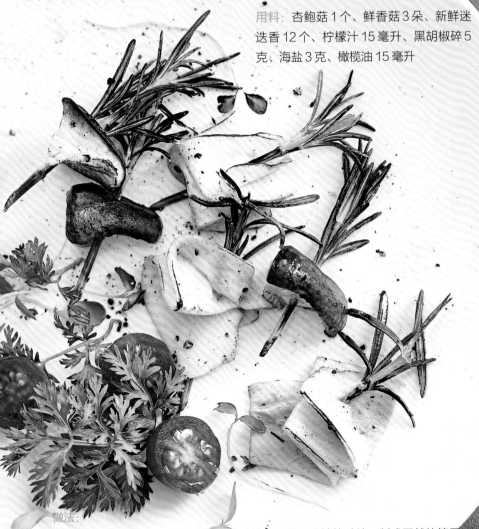

做法：

1 新鲜迷迭香洗净、沥干水分、去掉叶片，只留下顶端的叶片，制成天然的签子。

2 将择下来的迷迭香叶切碎，与柠檬汁、黑胡椒碎、海盐和橄榄油拌在一起，调成味汁。

3 鲜香菇洗净、沥干，对半切成 4 块。杏鲍菇洗净，切成厚片。

4 用迷迭香的茎当竹签，依次穿上香菇块或杏鲍菇片。

5 将蘑菇串摆入烤盘中，淋上调好的味汁，尽量使每一块蘑菇块都裹上味汁。

6 烤箱 200℃上下火预热，将烤盘移入烤箱中层，烤 10 分钟左右即可。

香草黑椒烤蘑菇

分量 2人份 时间 20分钟

用料：鲜香菇50克、杏鲍菇50克、白口蘑50克、褐菇50克、芝麻菜30克、蒜6瓣、橄榄油40毫升、盐5克、黑胡椒碎5克、鲜百里香5克、鲜迷迭香10克

做法：

1 将所有蘑菇和其他蔬菜洗净，沥干水分。

2 鲜香菇、白口蘑、褐菇切小块或厚片，杏鲍菇斜刀切厚片，蒜切块。

3 烤盘底部铺烘焙纸，放入所有蘑菇、蒜块和所有香草。

4 将盐、黑胡椒碎和橄榄油均匀地放在烤盘中的蘑菇上。

5 烤箱230℃预热，放入烤盘烘烤8~12分钟，其间将蘑菇翻拌一次。将烤好的蘑菇盛入沙拉盘，拌入芝麻菜即可。

黄油薄荷烤玉米

分量 2 人份　时间 55 分钟

当黄油的奶香味渗透到每一粒玉米中，融合薄荷、香菜的清爽香气，尝试后再也无法拒绝。

用料：带皮玉米2根、黄油40克、薄荷15克、香菜15克、青柠1个、盐3克、黑胡椒粉5克

做法：

1 黄油室温软化，薄荷、香菜切碎。

2 带皮玉米冷水浸泡10分钟，控干水分后放入铺好烘焙纸的烤盘中，180℃烘烤30分钟。

3 大碗中放入35克黄油、薄荷碎、香菜碎。

4 放盐和3克黑胡椒粉。

5 挤入青柠汁。

6 搅拌均匀，制成酱料。

7 取出玉米，剥掉外皮，刷上5克化黄油。

8 撒2克黑胡椒粉，再次放入烤箱，烘烤15分钟。食用时，将酱料刷在玉米上。

TIPS

将带皮玉米放入冷水中浸泡，可避免玉米外皮在烤制过程中变得焦煳，影响美观。

菜谱提供：谌禹豪

酸甜烤洋姜沙拉

分量 **2人份**　时间 **25分钟**

用料：洋姜400克、红洋葱1/4个、樱桃萝卜5个、芝麻菜20克、石榴1/4个、熟松仁25克、橄榄油10毫升、盐3克、果醋15毫升、黑胡椒碎3克、迷迭香1枝

做法：

1 洋姜切厚片，红洋葱切条，樱桃萝卜切半，石榴掰开、取子。

2 将洋姜片、红洋葱条和樱桃萝卜放在烤盘中，放橄榄油、盐、迷迭香和黑胡椒碎，放入预热至180℃的烤箱中，烤制约15分钟，取出放凉。

3 将烤好的食材与芝麻菜、熟松仁和石榴子一起装入盘中，最后淋入果醋，拌匀即可。

洋蓟酿

分量 **2 人份**   时间 **30 分钟**

用料：洋蓟 4 个、帕玛森干酪 70 克、面包糠 70 克、洋葱 30 克、柠檬 1 个、蒜 3 瓣、欧芹 20 克、橄榄油 10 毫升、盐 5 克、黑胡椒粉 3 克

做法：

1 洋蓟洗净，提前处理好，放入柠檬水中备用。

2 制作馅料：蒜瓣碾碎，洋葱洗净、切丁，欧芹切碎。将洋葱碎、欧芹碎与面包糠、盐、黑胡椒粉、帕玛森干酪混合。

3 洋蓟沥干水分，在洋蓟芯及叶片的空隙处塞入馅料，淋上橄榄油。

4 烤箱 230℃预热，烤盘铺锡纸，将酿好的洋蓟放入烤盘，放进烤箱烤 20 分钟即可。

TIPS
洋蓟处理方法：

1 先将花朵外叶片的尖端剪掉。每个叶片尖端都有尖锐的小刺，剪掉约 1/3。

2 剥去外面较老的叶片，食用时过硬的叶片不能吃。

3 切掉花朵底部的老叶片及顶部 1/3，可以看到中间白嫩的部分。洋蓟极易氧化变色，所以每一步操作后，都要将裸露的部分挤上新鲜的柠檬汁，防止氧化。

4 切去花柄部的皮，留下最嫩的 2 厘米左右即可。

5 将整个洋蓟对半切开，可以看到洋蓟层层包裹、纹理分明的内部。

6 最中间的就是洋蓟的芯，也是最好吃、最精华的部分。芯附近的绒毛会引起喉咙不适，要用勺子或挖球器将绒毛挖掉。

芦笋奶酪一口食

分量 **5 人份**　时间 **25 分钟**

用料：芦笋 100 克、法棍 1/2 根、奶酪 20 克、莳萝 5 克、南瓜子 10 克、橄榄油 5 毫升、海盐 3 克

做法：

1 法棍斜刀切厚片，芦笋洗净、去掉老的部分，用刨皮刀纵向刨成薄片。

2 烤箱 150℃预热，放入南瓜子烤 5 分钟。

3 法棍片放上奶酪、芦笋片，淋橄榄油，撒海盐，放入烤箱，170℃烤 5 分钟，取出后撒上南瓜子，点缀莳萝即可。

烤薯角拌甜豆

分量 6 人份 时间 50 分钟

用料：小土豆 10 个、甜豆荚 100 克、芦笋 10 个、嫩香芹叶 1 把（约 30 克）、蒜 1 瓣、现炸猪油渣 10 克、黑胡椒碎 5 克、盐 5 克、香醋 10 毫升、白砂糖 10 克、橄榄油 30 毫升

做法：

1 小土豆洗净，不去皮，切成 4 瓣，放在烤碗里，加入 15 毫升橄榄油、2 克黑胡椒碎和 2 克盐拌匀。放在烤盘上，放入 200℃ 已预热的烤箱中层，烤 30~40 分钟，直至烤出漂亮的金色斑纹。取出放凉，备用。

2 烤土豆期间把现炸猪油渣切碎，嫩香芹叶洗净，甜豆荚洗净后撕掉老筋。芦笋洗净、去掉老根，削掉下半部分的硬皮。烧一锅开水，放入芦笋和甜豆荚焯 2 分钟，取出后过凉水，沥干备用。

3 蒜切末。在一个小碗里混合蒜末、3 克黑胡椒碎、香醋、白砂糖、3 克盐和 15 毫升橄榄油，搅拌至盐和白砂糖化开。

4 在一个大沙拉碗里混合芦笋、甜豆荚、香芹叶和烤小土豆，淋上调料汁后撒猪油渣碎即可。

黑椒小土豆

分量 **4 人份**　时间 **35 分钟**

用料：小土豆 500 克、小干葱 20 克、橄榄油 15 毫
升、盐 5 克、黑椒汁 50 毫升、莳萝 3 克

做法：

1　小干葱切开。小土豆用刷子去泥、洗净，加入盐、橄榄油、小干葱、黑椒汁拌匀。

2　烤箱 180℃预热，将拌好的小土豆放入烤箱烤 30 分钟。取出后撒上莳萝即可。

焗土豆泥

分量 4 人份　时间 30 分钟

用料：土豆 500 克、黄油 80 克、牛奶 80 毫升、马苏里拉奶酪碎 120 克、盐 6 克、百里香 2 克

做法：

1 烤箱 220℃预热，土豆洗净、去皮、切小块，放入蒸锅中蒸熟。

2 用叉子将土豆压成泥，依次加入黄油、牛奶和盐搅拌均匀。

3 将拌好的土豆泥倒入烤碗，表面撒马苏里拉奶酪碎，放入预热好的烤箱，烘烤 15 分钟。取出后表面放百里香装饰。

什锦蔬菜串

分量 **2 人份**　时间 **40 分钟**

蔬菜串是聚会上不可缺少的角色。素食者自不必说，肉食者在大快朵颐之后还能用它清口解腻。

用料： 小土豆 4 个、迷你胡萝卜 4 根、芦笋 4 根、蒜 8 瓣、橄榄油 15 毫升、盐 3 克、黑胡椒碎 3 克

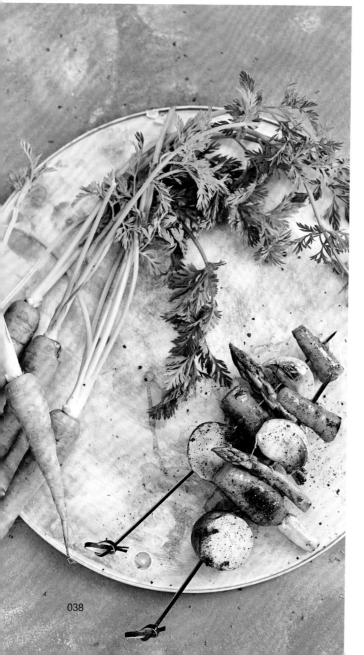

做法：

1　竹扦在水中浸泡 30 分钟。

2　小土豆清洗干净，带皮煮熟后捞出，沥干水分，对半切开。蒜去掉外层的皮，留内层皮，用刀拍松。

3　芦笋洗净，去掉老梗，切成 3 厘米长的段，放入沸水中汆烫 1 分钟。迷你胡萝卜洗净，也切成 3 厘米长的段，放入沸水中汆烫 1 分钟。

4　将处理好的土豆块、胡萝卜段、芦笋段和蒜交替用竹扦穿起来，淋上橄榄油，撒上黑胡椒碎和盐。

5　烤箱 180℃ 预热，中间放上烤网，将蔬菜串摆在烤网上，烤 8 分钟即可。

缤纷烤蔬菜

分量 3人份 时间 50分钟

用料：长茄子1根、西葫芦1根、菜椒1个、番茄1个、百里香1小把、黄油20克、黑胡椒碎3克、橄榄油20毫升、海盐3克、青柠檬3片

做法：

1 将长茄子、西葫芦、番茄、菜椒清洗干净，切块或者切片。

2 将所有蔬菜放入烤皿，倒入橄榄油，加入海盐、黑胡椒碎、百里香和青柠檬片，搅拌均匀。

3 在烤皿上封好锡纸。烤箱180℃预热，放入蔬菜烤20分钟。

4 打开锡纸，倒出烤出的汤汁，拌入黄油，再次封好锡纸，烤20分钟。

5 去掉锡纸，再次放入烤箱，烤约5分钟，顶层上色即可。

香烤时蔬

分量 **2 人份**　时间 **55 分钟**

用料：迷你胡萝卜 1 把（约 6 根）、小土豆 4 个、芦笋 1 小把、口蘑 4 朵、蒜 1 头、小洋葱 3 个、迷迭香 3 枝、海盐 5 克、黑胡椒碎 3 克、橄榄油 15 毫升

做法：

1 烤箱 150℃ 预热。

2 蒜和小洋葱去掉最外层的干皮，蒜分成瓣，小洋葱对半切开。所有蔬菜清洗干净，沥干水。口蘑切成 4 瓣。

3 将小土豆放入沸水中煮至八成熟，捞出沥净水、拍扁。

4 在烤盘中铺上锡纸，将处理过的蔬菜放入烤盘中，放入蒜瓣和迷迭香，加入海盐、黑胡椒碎，淋上橄榄油抓匀，使所有蔬菜均匀地裹上调味料，再平铺于烤盘中。

5 将烤盘移入烤箱烘烤 30 分钟。

TIPS

烤好的蔬菜可以搭配法棍、农夫面包食用，也可以作为肉类菜肴的配菜。

烤蔬菜沙拉

分量 **5人份** 时间 **30分钟**

用料：圣女果25克、甜菜头15克、绿皮南瓜40克、黄皮南瓜40克、红椒25克、黄椒25克、迷你胡萝卜25克、南瓜子仁15克、橄榄油15毫升、盐3克、黑胡椒碎3克。

做法：

1 烤箱180℃预热，所有蔬菜清洗后沥干水分。甜菜头切片，红椒、黄椒切块，南瓜切成角，全部平铺在烤盘中。

2 倒入橄榄油，撒上盐、黑胡椒碎和南瓜子仁，放入烤箱烘烤20~25分钟，直至蔬菜烤软、边缘微焦上色即可。

TIPS
由于不同蔬菜的质地不同，烘烤时间略有差异，可分开烤制。混合烤制时，要将不易熟透的根茎类蔬菜（如甜菜头）尽量切片或小块，汁水较多且易熟的圣女果整个放入。

烤球茎茴香

分量 **2 人份**　时间 **30 分钟**

用料：球茎茴香 2 个、圣女果 5 个、意大利风干火腿 3 片、柠檬 1/2 个、小茴香 2 克、蒜 3 瓣、橄榄油 15 毫升、海盐 3 克

做法：

1 球茎茴香洗净、切大块，蒜拍碎备用。

2 将球茎茴香块放入烤盘中，加入蒜碎、圣女果，淋入橄榄油，撒海盐、小茴香拌匀，挤上柠檬汁。

3 放入预热至 160℃ 烤箱中，烤 15 分钟后，调至 200℃ 烤 5 分钟。出烤箱装盘后加入火腿片即可。

烤抱子甘蓝沙拉

分量 2 人份　时间 1 小时

抱子甘蓝是迷你的圆白菜，营养居甘蓝类蔬菜之首，拌沙拉、烤、炒无一不可。

用料：抱子甘蓝 400 克、鸡胸肉 100 克、柠檬 1 个、奇亚籽 10 克、蒜 3 瓣、橄榄油 30 毫升、盐 8 克、黑胡椒碎 3 克、酸模叶 5 克、枫糖浆 10 毫升、蜂蜜 15 毫升、水 150 毫升

做法：

1 烤箱 185℃预热。抱子甘蓝洗净、沥干后对半切开，放入碗中，拌入 5 毫升橄榄油、5 克盐和枫糖浆，放烤箱中烤 20 分钟，直至表面焦脆。

2 鸡胸肉用 10 毫升橄榄油和 3 克盐涂抹表面，腌制半小时，腌好的鸡胸肉切小块。锅中放 10 毫升橄榄油加热，放入鸡胸肉煎至表面变色。

3 柠檬切角，奇亚籽泡入水中，捞出后加入蜂蜜搅拌。在沙拉盘中放入抱子甘蓝、鸡胸肉、柠檬角、蒜瓣、5 毫升橄榄油拌匀，撒上奇亚籽和酸模叶即可。

辣烤茄子

2人份 时间 **25分钟**

用料：长茄子2个、蒜末10克、甜菜苗5克、剁椒30克、花生油15毫升、盐2克、白砂糖2克、生抽3毫升、料酒10毫升

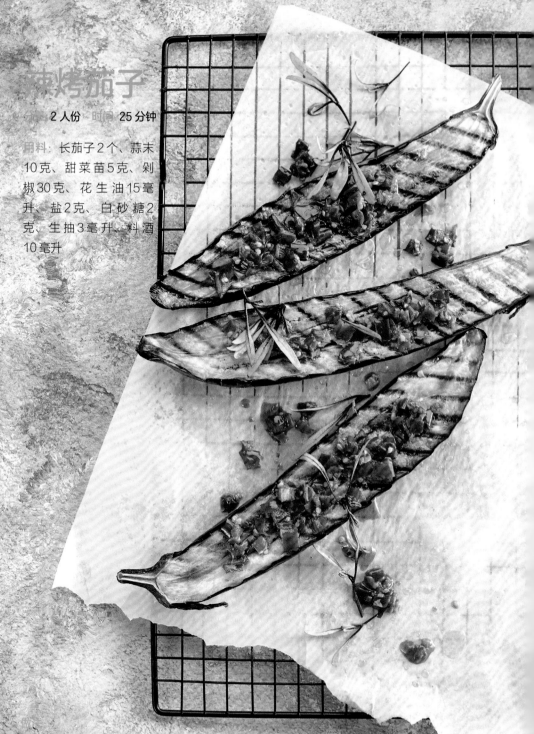

　　将剁椒倒入笊篱中冲水，过滤掉辣椒子并降低咸度，沥干水分后倒入碗中。加入盐、白砂糖、料酒、生抽、蒜末、10毫升花生油，搅拌均匀，制成剁椒酱备用。

　　将长茄子洗净后对半切开，在铁扒板上烙出黑印后再用刀竖向划口。

　　用干净的刷子在茄子肉表面刷上剩下的花生油，放入预热至180℃的烤箱烤制5分钟后取出。在表面抹上剁椒酱，放入烤箱继续烤制10分钟，取出装饰甜菜苗即可。

焦糖香蕉

分量 **1人份** 时间 **15分钟**

烤过的香蕉吃起来分外软糯可口，再加上一层甜脆的焦糖，怎一个美味了得！

用料 中等大小的香蕉1根、白砂糖适量

做法

1 香蕉纵向对半剖开，在剖开的香蕉表面撒上白砂糖。

2 将香蕉放入预热好的烤箱，用上火180℃烤6~10分钟，表面金黄即可。

TIPS
如果家里有喷枪，也可以直接用喷枪喷烤香蕉表面，直至白砂糖变成金黄的焦糖，香蕉皮微微发黑即可。

牛油果奶酪焗蛋

分量 2 人份　**时间** 25 分钟

牛油果是一种十分特别的水果，外形如梨，粗糙的表面又像鳄鱼皮，黄绿色的果肉口感像牛油和奶酪一般细腻绵密。

用料： 牛油果 1 个、培根 30 克、蛋黄 2 个、圣女果 30 克、马苏里拉奶酪 25 克、盐 3 克、黑胡椒 2 克

做法：

1 烤箱 160℃预热，将牛油果切开、去果核，培根切成小块，圣女果切碎备用。

2 在牛油果的空洞中倒入蛋黄，撒上培根、马苏里拉奶酪、盐，放入烤箱中烤制 25 分钟左右。

3 取出后撒上圣女果碎，用黑胡椒调味即可。

蜂蜜核桃烤无花果

分量 2 人份　时间 15 分钟

烤好的无花果既可以作为餐后的小甜点直接食用，也可以搭配冰淇淋，为甜点时光再添甜蜜。

用料：无花果 6 个、核桃仁 20 克、松子仁 20 克、蜂蜜 30 毫升、海盐 1 克、新鲜薄荷叶 6 片

做法：

1 核桃仁切大粒，蜂蜜中加入海盐拌匀。

2 无花果的梗去掉一些，从顶部下刀切十字口，不要切到底。按住顶部轻轻掰开，中间塞入一些核桃碎粒和松子仁，淋上一些调好的蜂蜜。

3 烤箱 180℃预热，将无花果放在烤盘中，移入烤箱，烘烤 10 分钟。烤好后点缀薄荷叶即可。

香叶烤梨

分量 5 人份　时间 1 小时

用料：啤梨 10 个、黄糖 60 克、蜂蜜 30 毫升、白酒醋 125 毫升、月桂叶 4 片、黑胡椒碎 3 克、海盐片少许

做法：

1 啤梨去皮，放入小煮锅，加入冷水没过啤梨，中火煮开后再煮 3 分钟。同时 220 ℃预热烤箱。

2 小心地把啤梨移入烤盘，加入黄糖、白酒醋、蜂蜜、月桂叶、黑胡椒碎，混合均匀，用锡纸盖好。

3 放入烤箱烤 30 分钟后去掉锡纸，再烤 25 分钟，直至啤梨颜色金黄且汤汁黏稠。

4 把啤梨装入盘中，淋上汤汁，撒少许海盐片装饰即可。

TIPS

肉桂和月桂都是常用的调味香料，肉桂主要用皮，而月桂则用叶。配上润肺止咳的梨，适合干燥的冬季食用。

烤梨核桃西芹沙拉配蓝纹奶酪

分量 **2 人份**　时间 **30 分钟**

用料：啤梨 2 个、西芹 200 克、蓝纹奶酪 40 克、巴旦木 40 克、核桃仁 35 克、橄榄油 15 毫升、盐 2 克、白砂糖 10 克、沙拉酱 20 毫升、柠檬汁 10 毫升、柠檬皮屑 3 克

做法：

1 啤梨对半切开、去核，每块再纵向分成 3 小块。将柠檬汁、橄榄油、白砂糖和盐混合均匀，刷在啤梨表面，放入预热至 200℃ 的烤箱烤制 20 分钟。

2 蓝纹奶酪切碎，巴旦木、核桃仁用平底锅炒出香味，西芹洗净、切段后放入沸水中焯 2 分钟，捞出过凉水、沥干。

3 将步骤 1 和步骤 2 中所有处理好的食材混合在一起，淋上沙拉酱，撒上柠檬皮屑即可。

石榴橘瓣沙拉

分量 **2 人份**　时间 **20 分钟**

用料：石榴 1 个、橘子 1/2 个、罗马生菜 20 克、苦苣 30 克、碧根果 20 克、橘子汁 10 毫升、枫糖浆 15 毫升、黄芥末酱 10 克、橄榄油 20 毫升、海盐 2 克

做法：

1 罗马生菜、苦苣洗净，石榴取子，橘子掰成瓣。

2 烤箱 180℃预热，将碧根果平铺在烤盘上，放入烤箱中烤 6 分钟。

3 在碗中将罗马生菜、苦苣、石榴子、橘瓣混合，加入橘子汁、枫糖浆、黄芥末酱、橄榄油、海盐拌匀，撒上碧根果即可。

奶酪焗榴莲

分量 4 人份　时间 20 分钟

甜腻的榴莲搭配浓郁的奶酪，每一口都是幸福的享受。

用料：榴莲 1/2 个、红糖 10 克、马苏里拉奶酪 40 克、奶酪粉适量

做法：
1 将榴莲带壳分成小瓣。
2 在榴莲果肉上撒上红糖。
3 均匀地撒一层马苏里拉奶酪。将榴莲放入预热到 200℃ 的烤箱中，烤 10~15 分钟后取出，在表面擦上奶酪粉即可。

羽衣甘蓝南瓜苹果沙拉

分量 2 人份　**时间** 30 分钟

用料：小南瓜 1 个、羽衣甘蓝 5 片、红苹果 1/2 个、碧根果 25 克、乳清奶酪 30 克、柠檬汁 10 毫升、蜂蜜 10 毫升、第戎芥末酱 15 克、橄榄油 20 毫升、海盐 2 克、黑胡椒碎 2 克

做法：

1 烤箱 200℃预热，小南瓜切开、去瓤后切角，放入烤箱中烤 15 分钟后取出。

2 烤箱调至 185℃，将碧根果铺在烤盘中，放入烤箱烤 8 分钟后取出。

3 羽衣甘蓝去茎秆，放入大碗中，淋 5 毫升橄榄油，用手揉 3 分钟，使叶片变软，撕成小片。红苹果切小薄片备用。

4 将羽衣甘蓝片、南瓜角、苹果片在大碗中混合，倒入柠檬汁、蜂蜜、第戎芥末酱、15 毫升橄榄油和海盐轻轻搅拌，撒上乳清奶酪、碧根果、黑胡椒碎即可。

无肉不欢

第二章

香烤五花肉

分量 4 人份　时间 1 小时

用料：猪五花肉 300 克、大葱片 20 克、姜片 20 克、花椒 5 克、八角 2 枚、桂皮 10 克、料酒 30 毫升、生抽 20 毫升、老抽 10 毫升、盐 2 克、白砂糖 30 克、蜂蜜 30 毫升

做法：

1 将猪五花肉清洗干净，用厨房纸巾吸干水分。

2 将五花肉放在案板上，切成六七厘米长、5 厘米宽、1 厘米厚的大片。

3 将肉片放入大碗中，放大葱片、姜片、花椒、八角和桂皮，倒入料酒、生抽和老抽，放白砂糖和盐，抓拌均匀，让肉片充分入味。

4 盖上盖子，或封上保鲜膜，放冰箱中腌 8 小时以上（最好隔夜）。

5 肉片从腌料汁中取出，沥干多余汁水。烤箱 160℃预热。将腌好的肉片码放在烤架上，可将腌肉的料汁刷一层在肉片上，然后再刷一层蜂蜜。将烤架放入烤箱中层烤制 20~30 分钟，中间需要翻一次面，并在另一面再刷一次料汁和蜂蜜。待肉片烤至两面呈诱人的棕红色时即可。

TIPS
可以按自己的口味多涂一些蜂蜜，再撒上一些白芝麻，味道会更香。

果味蜜汁叉烧骨

分量 6 人份　时间 7 小时（含腌制时间）

用料：猪肋排 600 克、李子 300 克、橙子 1 个、苹果 1 个、大葱 2 段、老姜 10 克、百里香少许、叉烧酱 3 汤匙、蜂蜜 30 毫升、生抽 30 毫升、老抽 5 毫升、白葡萄酒 50 毫升

做法：

1 猪肋排洗净、擦干。大葱段和老姜分别切片。橙子先取黄色的橙皮，切丝备用，注意不要留白色橙皮。然后切橙肉，一半的橙肉切碎，另一半留用。

2 将肋排放入大碗中，加叉烧酱、蜂蜜、生抽、老抽、白葡萄酒、碎橙肉、葱片、姜片和百里香，翻拌均匀，用保鲜膜盖好，放入冰箱腌至少 6 小时（最好过夜）。需不时拿出来翻动按摩，让肋排更入味。

3 烤盘铺上锡纸。苹果、李子洗净、去核后切大块。把腌制好的肋排和水果（包括整个的橙肉）间隔着码在烤盘里，撒上橙皮丝和百里香。

4 烤箱 220℃预热，放入烤盘烤 30 分钟。以汤汁收浓，排骨表面油润，没有过多汁水为宜。

TIPS　用来和肋排一起烤制的水果最好是苹果、李子、梨等水果，不会出太多汤汁。

蜜汁叉烧肉

分量 6人份　时间 25小时（含腌制时间）

用料：猪梅肉500克、菜心100克、叉烧酱60克、蜂蜜15毫升、黄酒15毫升、蚝油5毫升、小葱6棵、姜片8克

做法：

1 猪梅肉洗净，用厨房纸巾擦干水分，切长条。

2 在碗中将叉烧酱、黄酒、蚝油混合均匀，加入切成段的小葱、姜片和猪梅肉，用手抓匀，盖保鲜膜，放冰箱冷藏腌制24小时。

3 平底锅烧热，无须倒油，放猪梅肉煎至表面微黄。取出后双面刷蜂蜜。

4 烤箱160℃预热，将猪梅肉平铺在烤架上烘烤30分钟，中途刷腌肉的酱汁并翻面，185℃再烤10分钟。

5 菜心煮熟，放在旁边搭配即可。

TIPS　1 腌制前，可用牙签在猪梅肉上扎孔，以便入味。

　　　　2 为了防止烤制过程中油脂滴落、污染烤箱，可在下层放入铺好锡纸的烤盘。

酱炙排骨

分量 2 人份　时间 1.5 小时

用料：猪肋排 750 克、葱白 100 克、盐 2 克、醋 10 毫升、烧烤酱 50 克、蜂蜜 20 毫升、绍酒 20 毫升

做法：

1 猪肋排洗净、斩块，放入锅中，加入两倍水，煮 30 分钟。捞出过凉后抽去骨头，沥干水分，加盐、绍酒腌制入味。

2 葱白切段、去皮，穿入肋排中，放在烤架上。

3 将烧烤酱、蜂蜜和醋调成酱汁，刷在肋排表面，盖上锡纸，放入 160℃预热好的烤箱中烤 40 分钟。取出再刷一次酱汁，180℃烤 20 分钟即可。

菜谱提供：白常继

杏酱烤排骨

分量 5 人份　**时间** 9 小时（含腌制时间）

用料：猪肋排 1 千克、杏酱 200 克、柠檬皮屑 1 个柠檬的量、老抽 30 毫升、蒜粉 5 克、青柠适量、盐 5 克

做法：

1 猪肋排剁成 10 厘米宽大块，放入锅中，加冷水没过排骨，大火煮开后将猪肋排捞出、过凉水后擦干。

2 将猪肋排与杏酱、柠檬皮屑、老抽、蒜粉和盐搅拌均匀，放入冰箱，腌制过夜。

3 烤箱 200℃ 预热，把猪肋排放在烤盘中的烘焙纸上，入烤箱烤制约 50 分钟。过程中每隔 15 分钟把猪肋排取出，迅速刷上剩余的酱，然后继续烤制。

4 上桌时把猪肋排逐根切开，挤上柠檬汁即可。

茴香小排

分量 2 人份　时间 55 分钟

用料：猪小排 150 克、茴香 1 小把、老抽 15 毫升、葱 1 段、姜 2 片、八角 2 个、盐 5 克、白胡椒粉 3 克

做法：

1 将猪小排清洗干净，焯水后放入高压锅，加入适量的开水，放入盐、葱、姜、八角、白胡椒粉，压制大约 20 分钟后捞出控水。

2 将茴香去除多余的老叶，清洗干净，去根，剁成碎末备用。

3 猪小排稍微晾凉后涂抹上老抽，裹上茴香碎，用锡纸裹好，放入烤箱。烤箱 230℃ 预热 10 分钟，然后烤 20 分钟即可。

蜜香黑椒猪排

分量 6 人份　时间 10 小时（含腌制时间）

用料：整块猪排 2 千克、圣女果 200 克、迷你胡萝卜 4 根、柠檬 1 个、蒜 1 头、黄油 30 克、橄榄油 15 毫升、海盐 3 克、蜂蜜 30 毫升、黑胡椒酱 50 克、叉烧酱 15 克、黑胡椒碎 5 克、啤酒 40 毫升

做法：

1 猪排洗净，用厨房纸巾擦干，正反两面都打上菱形斜刀。

2 柠檬挤汁，将蜂蜜、叉烧酱、黑胡椒酱、黑胡椒碎、啤酒、化开的黄油和柠檬汁混合均匀，制成酱料。

3 在猪排表面涂抹酱料，腌制 6~8 小时。

4 烤箱 160℃预热，将腌好的猪排用锡纸包好，放入烤箱中烤 90 分钟。

5 蒜横向切开，迷你胡萝卜去叶、洗净。将蒜、迷你胡萝卜与圣女果放入大碗中，加橄榄油和海盐拌匀。

6 将烤好的猪排从烤箱中取出，拿掉锡纸，在猪排表面再涂上一层酱料。把蒜、迷你胡萝卜、圣女果一同放入烤盘中，烤箱调至 195℃，烤 10~15 分钟，取出后和烤猪排一起装盘即可。

绿椒培根卷

分量 **3 人份**　时间 **25 分钟**

用料：绿辣椒 4 个、烟熏培根 7 片、奶油奶酪碎 250 克、黑胡椒碎 5 克

做法：

1 烤箱 200℃ 预热。

2 绿辣椒洗净，对半切开，去子后塞入奶油奶酪碎。用培根把塞满奶酪的辣椒卷起来，用牙签固定好培根卷。

3 放入烤箱烤制 20 分钟，撒黑胡椒碎即成。

培根时蔬卷

分量 2 人份　时间 20 分钟

用料：培根 8 条、红椒 1 个、黄椒 1 个、芦笋 8 根、照烧汁 40 毫升

做法：

1 红、黄椒洗净、切成条，芦笋洗净、去根、切成长段。

2 取适量红、黄椒条和 1 段芦笋放在培根上，从一端卷起，卷成圆柱状，放入烤盘中，依次卷好其他培根卷。

3 烤箱 230℃预热，放入培根卷烤制 6 分钟左右取出，刷一层照烧汁，再放入烤箱，烤制 3 分钟左右即可。

麻辣烤肉串

分量 4 人份 时间 40 分钟

用料：猪梅肉 500 克、红色小米辣 10 个、绿色小米辣 10 个、韩式辣酱 30 克、柠檬 1/2 个、小洋葱 2 个、盐 2 克

做法
1 将红、绿色小米辣分别切碎；小洋葱洗净、切圈。
2 将猪梅肉洗净后切成大小均匀的菱形块，加入韩式辣酱和盐，挤入柠檬汁腌制 20 分钟左右，再用铁扦穿成串。
3 将烤肉串放入预热至 180℃的烤箱中烤制 10 分钟后取出，撒上洋葱圈和小米辣碎。
4 将烤箱温度升至 220℃，放入猪肉串再烤制 5 分钟即可。

TIPS
也可以不用穿串，直接放入烤箱烤制。

乌龙火腿

分量 2 人份　时间 35 分钟

用料：乌龙茶 50 克、金华火腿 200 克

做法：

1 金华火腿切成厚 0.5 厘米的片。

2 烤箱 180℃预热，将乌龙茶均匀地平铺在烤盘中，烤箱调至 200℃，烤 10 分钟左右散发出香气。放入切好的金华火腿片，烤 20 分钟即可。

火腿蔬菜卷

分量 4 人份　**时间** 25 分钟

用料：意大利风干火腿片 150 克、迷你胡萝卜 10 根、小土豆 10 个、枫糖浆 30 毫升、橄榄油 30 毫升、盐 2 克、黑胡椒碎少许

做法

1 意大利风干火腿片切成 3 厘米宽的条。迷你胡萝卜和小土豆洗净、去皮，小土豆切成和迷你胡萝卜形状相似的条。

2 迷你胡萝卜和土豆条分别卷上一圈火腿片，码放在涂抹了橄榄油的烤盘中，淋上枫糖浆和橄榄油，撒盐和黑胡椒碎调味。

3 烤箱 180℃预热，放入火腿蔬菜卷烤 15 分钟，直至表面金黄即可。

迷迭香烤猪颈肉

分量 **3 人份** 时间 **50 分钟**

用料：猪颈肉 600 克、迷迭香 8 枝、韩式辣酱 120 克、番茄沙司 30 克、红辣椒汁 40 毫升、烤肉酱 15 克、盐 5 克、茴香子碎 7 克、黑胡椒碎 5 克

做法：

1 猪颈肉洗净，切成 3 厘米见方的块备用。

2 将韩式辣酱、番茄沙司、红辣椒汁、烤肉酱、盐、茴香子碎和黑胡椒碎放入碗中混合搅拌，放入猪颈肉块腌制 20 分钟。

3 留迷迭香顶部大约 4 厘米的叶子，摘下其余叶子。先用竹扦把腌好的肉块穿出小洞，用迷迭香枝穿入肉块，穿成迷迭香肉串，放在铺好锡纸的烤盘上。

4 烤箱 190℃预热，将烤盘放入烤箱中，烤五六分钟后翻面，再刷一层剩余的腌料，再烤制 10~15 分钟即可。

大棒肉

分量 2 人份　时间 1 小时

用料：鸡腿 2 个、培根 5 片、鸡胸肉 150 克、水煮蛋 1 枚、蛋清 1 个、面粉 15 克、盐适量、生抽 15 毫升、蚝油 15 毫升、白胡椒粉 4 克、白砂糖 5 克、黑胡椒粉 4 克、黄酒 15 适量、水 40 毫升

做法：

1 鸡胸肉用料理机打成泥。

2 鸡胸肉泥加入黑胡椒粉、白胡椒粉、生抽、黄酒、白砂糖和盐搅拌，再加入蛋清和面粉搅拌均匀，腌制半小时。

3 鸡腿沿关节处用刀划一圈，切断筋骨，把骨头上的鸡肉慢慢剔下来，形成口袋状，再放盐和黄酒抓匀。

4 培根叠在一起平铺，中间放入腌制好的鸡胸肉泥并抹平，将两个鸡腿相对着摆在上面，把鸡蛋放在鸡腿中间，敷上一层鸡肉泥，再用培根包裹好。

5 放入 230℃预热好的烤箱中烤 15 分钟，翻面继续烤 15 分钟即可。

菜谱提供：厨娘唐小卷

彩椒黑椒牛肉串

分量 3 人份 · 时间 45 分钟

用料：牛肩肉 150 克、青椒 1 个、红椒 1 个、黄椒 1 个、色拉油 10 毫升、盐 3 克、白砂糖 3 克、酱油 3 毫升、料酒 3 毫升、姜黄粉 2 克、黑胡椒粉 2 克、安曼红 2 克

做法：

1 牛肩肉切成长 3 厘米、宽 2 厘米的肉块。

2 放入盐、白砂糖、酱油、料酒、姜黄粉和黑胡椒粉抓匀，腌制 20 分钟。

3 青、黄、红椒洗净，切成菱形块。

4 牛肉块和青、黄、红椒块间隔着穿成串，刷上色拉油。烤箱 210℃ 预热，放入肉串烤 12 分钟，中间刷油，翻一次面。取出后用安曼红装饰即可。

椒香牛肉干

分量 4 人份　时间 2 小时

这是一款工序简单的自制牛肉干,将腌制过的牛肉用烤箱低温烘烤至脱水。至于味道嘛,不食则已,一食上瘾,关键是无添加,非常健康。

用料:牛里脊肉 500 克、生抽 4 汤匙、白砂糖 1 汤匙、辣椒碎 2 茶匙、黑胡椒碎 2 茶匙

做法:

1 牛里脊肉纵向切开,改刀切成略薄于 1 厘米的肉片。如果不好切,可以先放入冰箱冷冻室冷冻 1 小时再切。

2 将切好的牛里脊肉片放入小盆中,加入生抽、白砂糖、辣椒碎和黑胡椒碎,搅拌均匀,使每片肉都裹上调料汁。盖上保鲜膜,放入冰箱腌一两个小时。

3 烤盘中铺上锡纸或烘焙纸,把牛里脊肉片平铺在烤架上,然后把烤架架在烤盘上。

4 烤箱设定为 100℃,将烤盘和烤架移入烤箱,用木勺别在门上,使烤箱的门不要完全关上,低温烘烤 70 分钟左右。

TIPS　1 除了牛里脊肉,其他瘦而少油的部位都可以。
2 烘烤牛肉干时一定要保持烤箱门不要完全关上,这样利于排出湿气,确保脱水效果。
3 腌制牛肉时,调味料可以根据自己的口味增减。
4 烤好的牛肉干可以用保鲜袋装好,放入冰箱冷藏室,可保鲜两三周。

洋葱烤牛肉

分量 2 人份　时间 30 分钟

用料：牛肉 120 克、洋葱 80 克、木瓜汁 50 毫升、姜片少许、胡椒粉 1 克、料酒 5 毫升、生抽 5 毫升、植物油 5 毫升

做法：

1 洋葱切丝，牛肉切片。

2 牛肉片用木瓜汁腌制 5 分钟后，放入洋葱丝、姜片、胡椒粉、料酒、生抽和植物油，拌匀后腌制 5 分钟。

3 取出烤盘，摆好锡纸盒，将牛肉和洋葱放入锡纸盒。

4 将烤盘放入烤箱，上火 220℃、下火 200℃烤 15 分钟即可。

TIPS
用木瓜汁腌制可以使牛肉更嫩，同时赋予牛肉水果香甜的口感，而洋葱烤熟后也有甜甜的口感。

烤牛肉洋蓟

分量 3 人份　**时间** 1 小时

用料： 牛里脊肉 250 克、洋蓟 3 个、蛋黄酱 150 克、蒜片 10 克、刺山柑 20 克、新鲜欧芹叶 10 克、盐适量、黑胡椒碎适量

做法：

1 烤箱 200℃预热。牛里脊肉用盐和黑胡椒碎腌制 15 分钟。煎锅放油加热，将牛里脊肉放入煎锅中双面煎，直至表面焦黄后盛出，再放入烤箱中层烤 10 分钟。取出后用锡纸包住，静置 15 分钟。

2 将处理好的洋蓟（见第 33 页）放入锅中煮 15 分钟，变软后捞出，沥干、晾凉。煎锅刷油，将煮好的洋蓟煎至微焦，利用余热将蒜片煎至金黄。

3 将牛里脊肉切成薄片，挤上蛋黄酱，放入蒜片、洋蓟、欧芹叶、刺山柑，可搭配吐司食用。

牛肉番茄酿

分量 **3 人份**　时间 **25 分钟**

用料：串番茄 7 个、油浸风干番茄 40 克、牛肉馅 50 克、鸡蛋 1/2 枚、橄榄油 5 毫升、盐 3 克、黑胡椒碎 3 克、奶酪粉 10 克

做法：

1 鸡蛋打散。油浸风干番茄切碎。串番茄从顶部切开，中间掏空。将掏出的果肉与牛肉馅、鸡蛋液、风干番茄碎、盐混合，搅拌均匀后放回到掏空的串番茄中，做成番茄酿，表面淋橄榄油。

2 烤箱 185℃预热，将番茄酿烤 8 分钟，烤箱温度调至 200℃，再烤 4 分钟。

3 烤好后撒奶酪粉和黑胡椒碎即可。

TIPS　烤制时第一阶段是为把番茄酿烤熟，第二阶段是使番茄酿更好地上色。

芦笋烤羊腿

分量 4 人份　时间 2.5 小时（含腌制时间）

用料：带骨小羊腿 1500 克、绿芦笋 1 把、白芦笋 1 把、薄荷叶 2 碗、橄榄油 60 毫升、香醋 160 毫升、红糖 4 汤匙、盐少许、黑胡椒碎少许

做法：

1 带骨小羊腿洗净、擦干，去掉筋膜和腿骨，用小刀在表面扎一些刀口，以便入味。

2 薄荷叶切碎备用。在大碗中混合橄榄油、香醋和红糖，搅拌成调味汁。

3 将羊腿放入烤盘。取一半的调味汁，加入一半薄荷叶碎，调入盐和黑胡椒碎，搅拌均匀，淋在羊腿上，腌制至少 1 小时，然后用棉线将羊腿捆紧。

4 烤箱 200℃预热，放入羊腿烤 1 小时左右（视自己喜欢的生熟度而定）。

5 烤羊腿时处理芦笋，绿芦笋和白芦笋洗净、修去根部的硬皮和老根。煎锅加热至冒烟，刷少许橄榄油，将芦笋煎至变色后取出码盘。

6 将剩余的调味汁放入平底锅中，小火熬煮至浓稠，略晾凉后加入剩余的薄荷叶碎。羊腿出炉后码在芦笋上，淋上酱汁，撒少许盐和黑胡椒碎即可。

烤羊排

分量 4 人份　时间 80 分钟

用料：羊肋排 800 克、胡萝卜 1 根、洋葱 1 个、西葫芦 1 个、蒜 2 瓣、酱油 1 汤匙、红葡萄酒 90 毫升、黑胡椒碎少许、百里香 1 枝、烧烤酱 30 克、蜂蜜 30 毫升、橄榄油 45 毫升

做法：

1 羊肋排加入 75 毫升红葡萄酒、酱油、黑胡椒碎、百里香和切末的蒜，腌制 20 分钟。胡萝卜切条、洋葱切片、西葫芦切片。

2 烤箱 220℃预热。烤盘放入 30 毫升橄榄油，铺上蔬菜，放入羊排，上下火烤 25 分钟。在烧烤酱中调入 15 毫升蜂蜜和 15 毫升红酒稀释一下，刷在羊排上继续烤 15 分钟。

3 用剩余蜂蜜和 15 毫升橄榄油调成蜜汁，刷在羊排表面，再烤 15 分钟即可。

香草脆壳羊排

分量 4 人份　时间 70 分钟

香草脆壳羊排本是一道法国传统菜，这里稍加改良，用
欧芹和香菜配搭，一中一西亦可碰撞出奇妙的味道。

用料：羊肋排1扇（约800克）、黄油50克、蒜3瓣、欧芹叶25克、香菜叶25克、面包屑35克、柠檬皮碎3克、植物油15毫升、盐适量、黄芥末酱25克、黑胡椒碎适量

做法：

1 将羊肋排骨头间的肉筋剔净，以免烤制的过程中烤焦煳。

2 香菜叶、欧芹叶切碎，蒜切末，黄油室温软化。

3 碗中加入切碎的香菜叶和欧芹叶，撒入盐、黑胡椒碎、蒜末、面包屑、柠檬皮碎拌匀。加入黄油，用手捏均匀，制成香草壳。

4 肋排双面刷植物油，撒盐和黑胡椒碎，肉皮朝下放进热锅中，小火煎至焦黄。

5 煎好的羊肋排上抹一层黄芥末酱。

6 将步骤3中的香草壳涂抹在羊肋排上。烤箱140℃预热，羊肋排肉皮朝上放在烤架上，烘烤约40分钟，可依口味调整烤制时间，达到想要的熟度。将烤好的羊排连同烤架一起取出，盖锡纸，保温醒发20分钟。

TIPS
1 可将探针式温度计插入羊排，羊排温度53℃时出炉，此时肉质粉嫩多汁。
2 醒发羊排可使外壳更脆、肉质细嫩多汁。

菜谱提供：喃猫

孜然烤羊肉

分量 4 人份　时间 3.5 小时（含腌制时间）

自己在家用烤箱制作香喷喷的烤羊肉，简单得不得了。
户外烧烤时穿肉、点火的麻烦一律全免，而味道却丝毫
不差！

用料：羊前腿肉 500 克、料酒 50 毫升、大葱 30 克、姜 30 克、盐 6 克、
辣椒粉 10 克、孜然粒 5～10 克、孜然粉 15 克

做法：

1 将羊前腿肉清洗干净、沥干水分，切成 2 厘米见方的小块，然后放入较大的密封盒中。

2 大葱和姜用刀稍稍拍散（切勿拍得太碎），放入盛有羊肉块的密封盒中，再放入料酒和 3 克盐，搅拌均匀。

3 将密封盖子盖好，放入冰箱中冷藏，腌制 3 小时以上。如果没有大密封盒，也可将羊肉放在大小适中的盆中，上面覆盖保鲜膜。

4 烤箱 180℃预热，烤盘中铺好锡纸。将腌好的羊肉块从冰箱中取出，这时如果容器底部有多余的汁水，要将汁水倒干净。大葱和姜拣出不用，将一半量的辣椒粉、孜然粒和孜然粉放入羊肉块中搅拌均匀，使羊肉能够均匀入味。

5 将羊肉块均匀地铺在烤盘中的锡纸上，将烤盘放入烤箱中层，烤制 15 分钟，直至羊肉块缩小、变色，烤盘底部出现汤汁及油脂时，将烤盘取出。

6 将羊肉块全部翻动一遍，再把余下的辣椒粉、孜然粒、孜然粉和 3 克盐撒在羊肉块上，把烤盘放回烤箱，继续烤制 5 分钟即可。

TIPS　1 如果家里有钢制的肉扦，也可以把腌好的肉块一块块地穿在肉扦上，制成羊肉串，再撒上调料烤制。串好的肉串可以架在烤架上，下面放烤盘接油。烤制的时间可相应缩短一些，因为钢制的肉扦被烤热后，也可以起到加热羊肉的作用，肉块内外同时受热，熟得比较快。
　　　　2 用肉扦穿起来的肉串，在烤制之前，可以刷上少许植物油，这样烤出的羊肉口感较嫩滑。

圣诞蜜汁香料烤鸡

份量 4人份　时间 10小时（含腌制时间）

用料：整鸡1只、洋葱1个、彩椒2个、小胡萝卜3根、口蘑3个、圣女果5个、柠檬1/2个、新鲜罗勒10克、黑胡椒碎2克、五香粉2克、干罗勒3克、洋葱粉2克、蜂蜜20毫升、黄油30克、橄榄油15毫升、盐20克、水5毫升

做法：

1 整鸡斩去鸡头、鸡脖、鸡爪和鸡屁股，掏空内脏，洗净后控干水分。

2 20克黄油室温化开，将五香粉、15克盐、黑胡椒碎、2克干罗勒、洋葱粉与化开的黄油混合搅拌，均匀涂抹在鸡表面和内部，腌制8小时。

3 小胡萝卜、洋葱、彩椒、柠檬洗净、切片，圣女果、口蘑洗净、切块，新鲜罗勒洗净、切段。

4 炒锅中放橄榄油加热，加入小胡萝卜片、洋葱片、彩椒片、圣女果块、口蘑块，加盐翻炒。

5 将炒好的蔬菜和柠檬片填入鸡腹腔中，用牙签或棉线封好。

6 烤箱180℃预热，用锡纸包住鸡翅尖和鸡腿骨尖，以免烤煳，用棉线将鸡腿和鸡翅捆绑起来，以便均匀受热。

7 剩余的黄油隔水化开，将黄油、蜂蜜、1克干罗勒和水混合搅拌，用刷子刷满鸡身表面。

8 烤盘铺好锡纸，把鸡放入烤箱烤1.5小时，其间每隔30分钟刷一次黄油酱料即可。

马沙文咖喱烤鸡

分量 4 人份　时间 3 小时（含腌制时间）

咖喱与面包永远都是绝佳拍档，尤其是当浓郁的咖喱汁遇上金黄焦酥的蒜香面包，口感是如此美妙绝伦。

用料：马沙文咖喱酱 30 克、鸡大腿 2 个、鱼露 8 毫升、盐 5 克、蜂蜜 15 毫升、黑胡椒粉 5 克、食用油 15 毫升、洋葱 100 克、土豆 150 克、胡萝卜 100 克、椰奶 150 毫升、鸡汤 150 毫升、肉桂粉 2 克、黄油 30 克、柠檬叶 2 片、法香少许、柠檬草少许

做法：

1 鸡大腿去骨、洗净，抹上鱼露、盐、蜂蜜和黑胡椒粉，把鸡腿肉卷起来，用棉线捆紧，腌制 2 小时。

2 洋葱切末，土豆和胡萝卜切成 1 厘米见方的小块。

3 平底锅加热后倒入食用油，放入鸡肉卷，煎至鸡腿表皮呈金黄色，捞出沥油。

4 将平底锅洗干净后重新热锅，放入黄油化开，倒入洋葱末炒香，加入胡萝卜块和土豆块，快速翻炒。

5 盛出后平铺在烤盘里，摆上煎好的鸡肉卷。烤箱 160℃预热，放入烤盘烤 25 分钟，中间需要将鸡肉卷翻一次面。鸡肉卷烤好后盛入盘中。

6 制作咖喱酱汁：将烤盘里的蔬菜再次倒入平底锅中，加椰奶、鸡汤、肉桂粉、柠檬叶，大火煮开后加入马沙文咖喱酱，转小火熬煮并不停搅拌，直到咖喱酱完全化开后关火。

7 去掉鸡肉卷上的棉线，然后切厚片，倒入做好的咖喱酱汁，摆上法香、柠檬草装饰即可。

TIPS
马沙文咖喱酱可以在进口食品超市或网上购买。

沙嗲鸡肉串

分量 **4 人份**　时间 **40 分钟**

严格意义上讲，这不是真正的沙嗲味道，但混合了花生酱、咖喱粉和柠檬味道的鸡肉又香又嫩，让人停不了口。

用料： 鸡腿 1 只、香菜 1 小把、青柠檬 1/2 个、朝天椒 1 个、蒜 2 瓣、姜 1 块、花生酱 30 克、咖喱粉 30 克、生抽 15 毫升、橄榄油 15 毫升、盐 3 克

做法：

1 鸡腿去骨、去皮（如果保留皮，油脂会多一些），切成小块。

2 香菜洗净、切碎，朝天椒去蒂、切段。

3 将香菜碎、朝天椒段、蒜、姜、花生酱、咖喱粉、生抽一同放入料理机中，挤入柠檬汁，将柠檬皮也刨成碎屑放进去，加入半杯水，打成酱汁。

4 将鸡肉块与酱汁拌在一起，使鸡肉充分裹上酱汁，用扦子穿起鸡肉块，放入烤盘中，撒盐，再淋上橄榄油，腌制 10 分钟。

5 烤箱 180℃ 预热。将烤盘移入烤箱中层，烤 8 分钟左右，取出翻面后继续烤 8 分钟左右即可。

夏荷包春鸡

分量 **4 人份**　时间 **100 分钟**

荷叶的清香和仔鸡完美地结合到了一起，一闻这个气味，就会让人想到夏天，那么自然。

用料：仔鸡 1 只、干香菇 5 朵、香葱 1 小把、生姜 2 片、黄酒适量、酱油适量、干荷叶 3 张

做法：

1 将干荷叶泡软、洗净，干香菇泡发。

2 仔鸡去除内脏后清洗干净，香葱洗净、打成葱结。

3 将香葱结、生姜片和香菇一同塞入仔鸡腹内。

4 用刷子将黄酒、酱油涂抹到仔鸡表面和内部（黄酒和酱油按 3 : 1 的比例混合），包上荷叶，再裹上锡纸。

5 烤箱 220℃ 预热，上下火烤 90 分钟即可。

柠檬叶烤鸡腿

分量 4 人份　时间 8.5 小时（含腌制时间）

用料：鸡腿4只、柠檬叶6片、蒜2瓣、朝天椒2个、香菜2棵、香茅草1棵、五香粉5克、红葱头1个、黑胡椒碎3克、黄砂糖15克、鱼露15毫升、色拉油15毫升、橄榄油30毫升

做法：

1 柠檬叶、蒜、朝天椒、香菜、香茅草、红葱头分别切碎，放入石臼中，加入五香粉、鱼露、色拉油、黑胡椒碎和黄砂糖，捣成泥，然后涂在鸡腿上，冷藏过夜（至少冷藏4小时）。

2 烤箱200℃预热，鸡腿放在烤盘中的烘焙纸上，淋上橄榄油，放入烤箱中层烤30分钟即可。

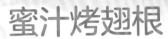

蜜汁烤翅根

分量 4 人份　时间 25 分钟

用料：鸡翅根 10 个、法香 3 克、樱桃酱 50 克、蓝莓 20 克、蜂蜜 40 毫升、红酒 40 毫升、清酒 15 毫升、橄榄油 20 毫升、盐 3 克、白胡椒粉 3 克

做法

1 将鸡翅根洗净，沥干水分备用。

2 将除法香外所有调料混合成腌料，把鸡翅根放入腌料中，涂抹均匀后腌制 2 小时。

3 将腌好的鸡翅根放入 160℃ 预热的烤箱中烤 10 分钟，取出后在表面刷上剩余的腌料，烤箱温度调至 185℃，再烤 10 分钟。

4 取出盛盘，点缀切碎的法香即可。

深夜串烧鸡

分量 2 人份　时间 40 分钟

用料：鸡腿 150 克、口蘑 50 克、洋葱 20 克、日式照烧酱 30 克、圆白菜 20 克、胡萝卜 10 克、柠檬汁 10 毫升、橄榄油 20 毫升、蜂蜜 5 毫升、柠檬 1 个、盐少许、黑胡椒碎少许

做法：

1 鸡腿切成 1 厘米见方的丁，加盐、黑胡椒碎、橄榄油和日式照烧酱腌制 20 分钟。

2 洋葱切成丁，口蘑一分为二，圆白菜和胡萝卜切丝。

3 将鸡腿肉丁、洋葱丁和口蘑穿成串，180℃烤 10 分钟。圆白菜丝和胡萝卜丝用柠檬汁、蜂蜜、盐、黑胡椒碎和橄榄油调味；制成沙拉。

4 用沙拉垫底，鸡肉串放在上面，配上切好的柠檬即可。

甜辣烤鸡腿配酸柠檬酱

分量 **3** 人份　时间 **1** 小时

原料：鸡琵琶腿 10 个、泰式甜辣酱 3 汤匙、香菜叶 1 小把、青柠 2 个、酸奶油 50 毫升、黑胡椒碎少许、橄榄油 2 汤匙、盐适量

做法：

1 鸡琵琶腿洗净后擦干，放入大碗中，加盐、黑胡椒碎和泰式甜辣酱，腌制 20 分钟。

2 烤箱 220℃预热，把腌制好的鸡腿放入烤盘，淋上橄榄油，剩余的腌泡汁留用。

3 鸡腿送入烤箱烤 15 分钟，取出后刷上剩余的腌泡汁，翻面再烤 10 分钟，直至表面金黄。

4 将一个青柠榨汁，取 1 汤匙柠檬汁和酸奶油混合均匀。另一个青柠切成角备用。

5 上桌时在鸡腿上撒上香菜叶，搭配青柠角和酸奶油即可。

TIPS
用酸奶油代替沙拉酱，经乳酸菌发酵的稀奶油，口感清爽，营养价值更高。

荷叶奶酪鸡

分量 4 人份　时间 10.5 小时（含腌制时间）

用料：三黄鸡1只、荷叶2张、中筋面粉200克、鸡蛋6枚、洋葱1个、蒜1头、黄油20克、白葡萄酒30毫升、奶酪15克、吐司2片、干百里香5克、橄榄油25毫升、盐10克、黑胡椒碎10克

做法：

1 三黄鸡洗净，去头、去内脏，洋葱和蒜切成碎末。

2 将橄榄油、黑胡椒碎、盐、干百里香混合，涂抹在鸡表面及腹腔内，腌制8小时。

3 锅中加入黄油，放入洋葱碎和蒜蓉，翻炒出香味后倒入白葡萄酒，加入奶酪，煮至黏稠。

4 稍冷却后填入鸡腹腔内。

5 烤箱160℃预热。吐司切碎，鸡蛋打散后加中筋面粉和吐司碎打成糊备用。

6 用荷叶将鸡包裹2层，用麻绳系紧。

7 在烤盘上铺好锡纸，将荷叶鸡放入烤盘中，将面糊均匀地涂在荷叶鸡表面，放进预热好的烤箱中下层，烤制120分钟。烤好后将变硬的面糊敲碎，解开荷叶即可。

菜谱提供：山林

柠檬西梅蜜汁烤翅

分量 6人份　时间 35分钟

用料：鸡翅20个、柠檬2个、西梅20克、薄荷叶5克、蜂蜜60毫升、橄榄油30毫升、盐8克、红糖10克、黑胡椒碎5克

做法：

1 烤箱200℃预热，取1个柠檬切块，另一个擦出柠檬皮碎后切开，挤出柠檬汁。

2 鸡翅表面划两刀后涂抹橄榄油、盐、黑胡椒碎、红糖。烤盘上铺锡纸，摆好鸡翅，放入烤箱中烤15分钟。

3 将蜂蜜、柠檬汁混合。取出鸡翅后在正反两面刷上蜜汁，放入西梅和柠檬块，再次放入烤箱，220℃烤8分钟，最后撒上柠檬皮丝、薄荷叶即可。

郫县豆瓣烤鸡翅

分量 6 人份 时间 1 小时（含腌制时间）

用料：鸡翅中6个、鸡翅根6个、小洋葱1个、姜4
片、蒜2瓣、新鲜柠檬2片、小青柠1个、盐5克、
料酒30毫升、郫县豆瓣酱18克

做法：
1 鸡翅中和鸡翅根洗净，表面斜划两刀。蒜切片。
2 取一个大碗，放入鸡翅、姜片、蒜片、小洋葱、
  料酒、郫县豆瓣酱和盐抓匀，腌制30分钟。
3 腌制好的鸡翅放在铺好烘焙纸的烤盘上，加柠檬
  片，放入180℃预热好的烤箱中烤20分钟，中间
  翻面一次。
4 取出鸡翅，放入切块的小青柠装饰即可。

黑椒烤鸭胸

用料：鸭胸2块、海盐2克、黑胡椒碎2克、小番茄
10个、生菜1/2棵

做法：

1 烤箱200℃预热。鸭胸上撒海盐和黑胡椒碎，涂抹均匀。

2 取一个可以入烤箱的小铁锅，先用中火加热。把鸭胸皮朝下放入锅中加热，三四分钟后，
待鸭皮烤黄、鸭油流出，翻面继续煎3分钟。待鸭肉外皮呈金黄色后，把鸭皮朝下放在锅里，
再把小铁锅放入烤箱，200℃烤制六七分钟。

3 鸭胸取出后静置5分钟，切片，可搭配小番茄、生菜等食用。

Tips 在小铁锅中煎烤鸭肉时不用另外放油，因为鸭皮中含有较多脂肪，受热后鸭油流出，烤出的鸭胸
外酥里嫩。

椰香菠萝烤鸭

分量 **2 人份**　时间 **50 分钟（含腌制时间）**

用料：鸭胸肉 100 克、菠萝 50 克、黑胡椒碎 10 克、盐 10 克、椰汁 100 毫升、柠檬汁 5 毫升、蜂蜜 20 毫升

做法：

1 鸭胸肉去皮和肥肉部分，加入盐、椰汁、黑胡椒碎和柠檬汁，腌制 20 分钟。

2 烤箱 180℃预热。将腌制好的鸭胸肉切片，菠萝切片，叠放在烤箱中，烤 20 分钟。

3 摆盘，食用时淋上少许蜂蜜，口感更佳。

烤鸭

分量 **4人份**　时间 **13小时（含腌制时间）**

用料：净鸭子1只、五香粉10克、蚝油15毫升、盐5克、白砂糖5克、肉桂粉3克、姜4片、八角3个、麦芽糖浆50毫升、醋30毫升、老抽5毫升。

做法：

1 将五香粉、蚝油、盐、白砂糖、肉桂粉、姜片和八角混合，涂抹在鸭子体内，用粗棉线或牙签将鸭肚封住，晾30分钟至表皮略微干燥。

2 麦芽糖浆、醋和老抽混合搅匀，用刷子刷在鸭子表皮上，晾一夜直至鸭皮晾干，再刷一遍腌料。

3 烤箱120℃预热，将鸭子放在烧烤叉上烤30分钟，200℃再烤30分钟。

风味海鲜

第三章

白酒汁烤鳕鱼

分量 2人份　时间 35分钟

用料：鳕鱼 300 克、面粉 10 克、盐 3 克、白胡椒粉 3 克、白葡萄酒 300 毫升、整粒白胡椒 5 粒、白洋葱 1/2 个、香叶 1 片、淡奶油 50 毫升、白砂糖 5 克、油 10 毫升，生菜叶 3 片

做法：

1 鳕鱼去鱼鳞，用水冲洗干净，白洋葱切成细丝。

2 在小锅中加入白葡萄酒、洋葱丝、整粒白胡椒和香叶，小火煮到略浓稠。

3 在料汁中加入淡奶油、2 克白胡椒粉、2 克盐和白砂糖，继续煮至浓稠，用细筛网过滤，制成白酒汁。

4 用厨房纸巾轻按鱼肉表面，吸去水分，撒盐和白胡椒粉腌 2 分钟，然后在鱼肉表面轻轻拍上一层面粉（这样更容易上色，也可以锁住鳕鱼中的水分）。

5 平底锅中放油，油温六成热时放入鳕鱼，将两面都煎至金黄色，取出。

6 将煎好的鳕鱼放在铺有锡纸的烤盘上，入烤箱 180℃ 烤 5 分钟左右。盛盘后用生菜叶点缀，淋上白酒汁即可。

TIPS　1 在烤之前煎鳕鱼可以让鳕鱼表面有漂亮的金黄色，因为只烤制无法让鳕鱼上色，煎一下能使鳕鱼的口感更好。如果觉得麻烦也可以省去这一步，不过要适当延长烤制时间。
　　　　2 烤好的鳕鱼可以搭配生菜和沙拉，或者把新鲜的圣女果、柠檬角摆在盘中。

鳕鱼西京烧

分量 4 人份　　**时间** 24.5 小时（含腌制时间）

用料： 挪威北极鳕鱼 240 克、白味噌 200 克、白砂糖 15 克、味醂 25 毫升、清酒 25 毫升、日式酸姜芽适量

做法

　　在大碗中放入白味噌、味醂、白砂糖和清酒，充分混合制成腌料，把洗净的鳕鱼放入腌料，移入冰箱冷藏室腌制一天。

　　取出鳕鱼，擦掉多余的腌料。为了防止鱼肉散开，可以用竹扦纵穿鱼肉后再烤。

　　烤箱 220℃ 预热，鳕鱼放在铺好锡纸的烤盘上，放入烤箱中层烘烤 15 分钟。烤好后取出竹扦，配日式酸姜芽上桌即可。

椰蓉胡椒银鳕鱼

分量 **2 人份**　时间 **45 分钟**

用料：银鳕鱼 400 克、澳芒 50 克、柠檬 1/2 个、蛋黄 3 个、椰子脆片 30 克、小米辣 15 克、香菜 15 克、椰浆 200 毫升、椰蓉 70 克、橄榄油 15 毫升、盐 3 克、白胡椒粉 6 克、粉红胡椒碎 3 克、芭蕉叶 3 片

做法：

1　银鳕鱼去鳞、洗净、切大块。澳芒切小块，小米辣切细圈，香菜切末备用。

2　锅中倒入椰浆，小火加热，放入椰蓉、小米辣和香菜末混合，关火后加入蛋黄、盐、柠檬汁、白胡椒粉，搅拌均匀。

3　芭蕉叶提前剪好，将银鳕鱼放在芭蕉叶上，撒盐，涂抹椰浆混合料。

4　将烤箱温度调至 165℃，将椰子脆片平铺在烤盘中，放入烤箱烤 5 分钟。

5　烤箱 180℃预热，用芭蕉叶将银鳕鱼包好，倒扣在烤盘上，放入烤箱烤 25 分钟左右。

6　取出烤好的鳕鱼，打开芭蕉叶，撒上芒果粒、粉红胡椒碎和椰子脆片即可。

椰丝蜜香银鳕鱼

分量 2 人份　　**时间** 2.5 小时

用料：银鳕鱼 400 克、椰丝 15 克、香茅酱 35 克、柠檬汁 10 毫升、橄榄油 15 毫升、白胡椒粉 2 克、椰奶 150 毫升、奶油 30 毫升、蜂蜜 20 毫升、盐 1 克、小米 30 克、白砂糖 15 克、水 200 毫升

做法：

1 制作搭配食用的小米脆片：将小米倒入锅中，加入水和白砂糖，小火煮 30 分钟至浓稠后，倒在烘焙纸上铺平，放入 160℃ 预热的烤箱中烤 60~80 分钟。

2 银鳕鱼去鳞、洗净，用厨房纸巾吸干水分，加入香茅酱、柠檬汁、橄榄油和白胡椒粉抓匀，腌制 5~10 分钟。

3 利用腌制时间制作打底酱汁：将椰奶、奶油、蜂蜜和盐倒入锅中混合，开小火熬成略浓稠的汁。

4 烤箱 180℃ 预热，将腌制好的银鳕鱼放入铺好锡纸的烤盘上，入烤箱烤 6~8 分钟，烤至表面焦黄即可。

5 选用有一定深度的盘子，先将打底酱汁倒入盘中，再放入烤好的银鳕鱼，最后撒上椰丝，搭配小米脆片食用即可。

家庭版万州烤鱼

分量 **4 人份** 时间 **45 分钟**

用料：草鱼 1 条、莲藕 30 克、土豆 1/2 个、紫洋葱 1/2 个、香芹 50 克、美人椒 30 克、鲜花椒 20 克、葱段 10 克、姜片 10 克、蒜 10 瓣、油 30 毫升、盐 3 克、豆瓣酱 50 克、料酒 10 毫升、生抽 5 毫升、白胡椒粉 3 克

做法：

1 草鱼处理干净后双面划斜刀，从鱼腹内沿脊骨将两侧鱼刺斩断，内外抹上盐、料酒和油，将鱼平铺在烤盘上。

2 烤箱 250℃预热，将鱼放入烤箱烤 15 分钟。

3 土豆、莲藕切片，紫洋葱切角，美人椒切菱形片备用。

4 锅中倒油，放入豆瓣酱小火炒出红油，再加入葱段、蒜瓣和姜片翻炒，加入水、生抽、白胡椒粉、莲藕片、土豆片、洋葱角、香芹和鲜花椒，煮开后倒在烤好的鱼上，撒上美人椒即可。

TIPS

1 家庭烤箱版烤鱼没有经过高温油炸，温度控制更适宜，如果有烤焦煳的部分，一定要去除。

2 如有酒精炉，可放入生的蔬菜，边加热边吃。

盐烤多春鱼

分量 4 人份　时间 35 分钟

撒一小撮海盐，淋几滴柠檬汁，经过烘烤，多春鱼的鲜
香被激发出来，特别是当牙齿咬到一整包鱼子时，质朴
的香味充满整个口腔。

用料：多春鱼 10 条、海盐 5 克、柠檬 1/2 个、油 10 毫升

做法：

1 多春鱼去掉鱼鳃，从鱼鳃处拉出内脏，清洗干净。多春鱼不能开膛，否则肚子里的鱼子就流出来了。

2 洗净的多春鱼用厨房纸巾擦干，撒上海盐，挤少许柠檬汁，腌制 5 分钟。

3 烤箱 185℃预热，在烤盘中铺上锡纸，将多春鱼码入烤盘中。

4 在多春鱼表面薄薄地刷一层油。将烤盘移入烤箱烤 5 分钟，取出烤盘，将鱼翻面，继续烤 5 分钟。

TIPS
1 用来做烤鱼的多春鱼一定要新鲜多子的。多春鱼含有丰富的矿物质和蛋白质，小孩子吃也很好。
2 处理多春鱼时，可以用一只手捏住鱼身，另一只手捏住头部往外拽，可以连头、鳃和内脏一次都拽出来，非常方便。也可以保留头，从鱼鳃处往外拽内脏。虽然麻烦，但品相好一些。

纸包龙利鱼

分量 2人份　时间 20分钟

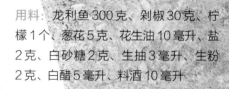

用料：龙利鱼 300 克、剁椒 30 克、柠檬 1 个、葱花 5 克、花生油 10 毫升、盐 2 克、白砂糖 2 克、生抽 3 毫升、生粉 2 克、白醋 5 毫升、料酒 10 毫升

做法：

1 将剁椒冲水，冲掉辣椒子并稀释咸度，沥干水分后倒入碗中，加入盐、白砂糖、料酒、生抽、白醋和花生油，搅拌均匀，制成剁椒酱备用。

2 将龙利鱼洗净、切大块，用厨房纸巾将鱼表面多余水分擦干后，抹上一层生粉，再均匀地抹一层剁椒酱。

3 将柠檬切片，铺在一张烘焙纸上，再放上龙利鱼块，将烘焙纸密封好，封口处可用牙签固定。

4 将包裹好的龙利鱼放入 160℃预热的烤箱中，烤制 10~15 分钟，取出后在鱼表面撒上葱花即可。

开心果烤三文鱼

分量 **4 人份**　时间 **35 分钟**

搅碎的开心果充分释放出坚果的香气与油脂，烤制后的三文鱼肉质细嫩、层次丰富，令人回味无穷。

三文鱼 250 克、开心果 100 克、莳萝 1 克、蒜 1 瓣、盐 2 克、黑胡椒粉 2 克、橄榄油 30 毫升

三文鱼撒上盐和黑胡椒粉腌制，开心果去壳。

将开心果、莳萝、蒜瓣、盐和橄榄油用搅拌机打匀，抹在三文鱼的表面。

将三文鱼放入 180℃ 预热的烤箱内，烤制 20 分钟即可。

蓝莓烤三文鱼

分量 2 人份　时间 30 分钟

用料：三文鱼 250 克、蓝莓 100 克、抱子甘蓝 50 克、罗勒叶 5 克、柠檬 1/2 个、蒜 15 克、黑胡椒碎 5 克、橄榄油 18 毫升、盐 3 克

做法：

1 三文鱼切块，用厨房纸巾吸干表面水分。

2 蒜切碎，抱子甘蓝切两半，柠檬切片。

3 将罗勒叶、蒜碎、橄榄油、盐、黑胡椒碎放入捣碎的蓝莓中搅拌均匀，做成蓝莓酱。

4 将三文鱼块、抱子甘蓝和柠檬片放在烘焙纸上，将拌好的蓝莓酱浇在三文鱼上，放入 200℃ 预热的烤箱中烤 20 分钟即可。

TIPS
蓝莓可随个人口味换成树莓。

培根香绕三文鱼

分量 3 人份　**时间** 35 分钟

用料：三文鱼 500 克、鼠尾草 30 克、培根 4 片、小洋葱 20 克、橄榄油 30 毫升、海盐 10 克、黑胡椒碎 3 克

做法：
1 三文鱼洗净、去皮，用黑胡椒碎、橄榄油和海盐涂抹均匀，腌制 10~15 分钟。
2 鼠尾草洗净、晾干，在腌制好的三文鱼表面放上两三片鼠尾草，再用培根斜着缠绕包裹住三文鱼。
3 烤箱 200℃预热，将包好的三文鱼和小洋葱放在铺好锡纸的烤盘上，放入烤箱烤 15~20 分钟，培根渐渐出油、表面略有收缩，三文鱼稍变色即可。

广胡柠香芦笋配香烤鲅鱼

分量 2人份　**时间** 3小时（含腌制时间）

用料：鲅鱼1条、芦笋100克、胡萝卜50克、西芹20克、青柠檬
1个、雪梨1/2个、葱10克、姜10克、盐2克、牛奶20毫升、蚝
油10毫升

做法：

1 切去鲅鱼的头和尾，剖开肚子、取出内脏，洗净后斜刀切1.2厘米厚片；胡萝卜、西芹、雪
梨洗净、切丁（胡萝卜丁只用15克即可），葱切葱花，姜切末。将上述所有原料混合，挤1
滴柠檬汁，加盐和蚝油抓匀，腌制2.5小时。

2 将剩余的胡萝卜丁蒸熟后加入牛奶、2滴柠檬汁，用勺子捻成泥后盛出；芦笋洗净、去老
根，入锅焯熟后捞出，青柠檬擦青柠檬皮碎备用。

3 烤箱上下火200℃预热，放入腌制好的鲅鱼，烤4分钟后取出，在盘中依次放入芦笋和鲅
鱼，撒上青柠檬皮碎，搭配胡萝卜泥即可。

菜谱提供：王磊

香草烤虾串

分量 4 人份　　时间 1 小时

经过香草和白葡萄酒的腌制，再经过高温的烘烤，吃起来虾肉的鲜美特别突出。

用料： 新鲜海白虾 250 克、法香 80 克、白葡萄酒 100 毫升、黑胡椒碎 5 克、橄榄油 30 毫升、盐 5 克

做法：

1 竹扦提前用水浸泡 30 分钟，这样比较耐高温。

2 海白虾剪去虾须、挑去虾线、清洗干净后沥水。法香切碎。

3 将处理好的虾放入大碗中，加入白葡萄酒、黑胡椒碎、法香碎、盐和橄榄油，拌匀，腌制 30 分钟，使其充分入味。

4 取一支竹扦，从虾的尾部穿进去，从头部穿出。依次将虾全部穿好。

5 烤箱 180℃预热，最下层放烤盘，中层放烤网，将虾串摆在烤网上，烤 20 分钟即可。

纸包虾

分量 **8 人份**　时间 **30 分钟**

用料：海虾 24 只、刀豆 1 小把、朝天椒 2 枚、香菜少许、白砂糖 5 克、蒸鱼豉油 30 毫升、盐 5 克、油 15 毫升

做法：

1　海虾洗净、去壳、剔除虾线。刀豆择洗干净，放入开水中烫 2 分钟，捞出沥干。朝天椒切碎。

2　蒸鱼豉油中加入盐和白砂糖，搅拌均匀，把虾放入调味汁中腌制片刻。

3　烘焙纸中放入少许刀豆，摆上 3 只虾，撒少许朝天椒碎和盐，淋少许油。把烘焙纸折叠成口袋状，两端封紧。依次做成 8 份纸包虾。

4　烤箱 200℃预热，所有纸袋放入烤盘，送入烤箱中层烤制 12~15 分钟，上桌前撒上香菜即可。

吐司菠菜酱烤虾

分量 **2 人份**　时间 **20 分钟**

用料：虾 6 只、菠菜 50 克、葵花子 5 克、马苏里拉奶酪 10 克、蒜 1 瓣、初榨橄榄油 3 毫升、盐 2 克、黑胡椒粉 2 克、圣女果 5 颗、法棍 4 片、料酒少许、椒盐少许

做法：

1 法棍放入烤箱，160℃烤至两面焦黄，备用。

2 将烫过的菠菜、葵花子、马苏里拉奶酪、蒜、初榨橄榄油、盐和黑胡椒粉放入料理机打成菠菜酱，抹在吐司上，再将切成片的圣女果摆两三片在菠菜酱上。

3 虾去头、去壳、去虾线、留虾尾，淋上料酒，撒上椒盐，腌 5 分钟。

4 烤箱 180℃预热，在烤盘中铺上锡纸，刷一层油，放入虾烤 10 分钟至熟，取出，放在菠菜酱上即可。

TIPS　可以选择甜虾，也可用虾仁代替。

黑胡椒奶酪焗虾

分量 **4 人份**　时间 **25 分钟**

用料：明虾 8 只、奶酪碎 100 克、黑胡椒碎 5 克、沙拉酱 100 克、芥末酱 20 克、糖浆 15 毫升、法香 20 克

做法：

1 用剪刀沿明虾的头部，向尾部剪开，挑出虾线，剪去虾枪、虾须、虾脚，留虾头和虾尾。

2 从虾的背部用刀向腹部横剖到 2/3 的位置，将虾片开，用刀轻轻左右斜划虾肉。装入烤盘内，撒上黑胡椒碎。

3 碗中依次倒入沙拉酱、芥末酱、糖浆，搅拌成酱料，铺在虾肉上，在酱料上撒奶酪碎。

4 将虾放入烤箱，220℃烤约 10 分钟，至奶酪化开并呈金黄色。

5 烤好后撒少许黑胡椒碎和法香即可。

虾仁酿香菇

分量 **3 人份**　时间 **25 分钟**

用酿的方式烤，会将香菇本身的汁水烤出来，与虾肉馅混合在一起，一口一个，又鲜又嫩。

用料：虾仁 300 克、香菇 10 个、胡萝卜 50 克、蒜 1 瓣、香葱 5 克、油 5 毫升、盐 5 克、黑胡椒碎 2 克、白葡萄酒 10 毫升

做法：

1 香菇洗净、去蒂，不粘锅刷油，放香菇稍煎。虾仁剁成泥，胡萝卜、蒜、香葱剁碎备用。

2 将虾泥、胡萝卜碎、蒜泥和香葱碎放入碗中，加黑胡椒碎、盐、白葡萄酒搅拌均匀。

3 用勺子将搅拌好的虾仁馅填入香菇中。烤箱 190℃预热，将酿香菇放入烤箱中烤 16 分钟左右即可。

盐烤黑虎虾

分量 **4 人份**　时间 **35 分钟**

用料：黑虎虾 8 只、粗盐 400 克、黑胡椒碎 5 克、姜 15 克、白酒 30 毫升、黄柠檬 2 个、小绿柠檬 6 个、红彩椒 1 个、法香 30 克、海盐 2 克

扫码看制作视频

做法：

1 黑虎虾从背部挑出虾线，洗净后沥干水分。所有柠檬切片，红彩椒切块，姜研磨成蓉。

2 虾中放入姜蓉、白酒和海盐，腌制 10 分钟左右。

3 烤箱 220℃ 预热，烤盘中铺上烘焙纸，撒上粗盐，放入烤箱预热 9 分钟左右。

4 取出烤盘，将虾摆入烤盘中，迅速将烤热的粗盐覆盖住虾，放上柠檬片、红彩椒块。

5 将烤盘放入烤箱，烤制 12 分钟左右。

6 烤好后用刷子将虾表面上的盐粒扫掉，撒上黑胡椒碎，配上法香装饰即可。

TIPS 盐烤是粤菜经典菜式，创于广东东江盐场一带，粗盐的包裹让食材受热均匀、汁水不外流。虾也可换成其他带壳类海鲜。

117

橙香串串虾

分量 **3 人份**　时间 **35 分钟**

用料：基围虾 500 克、橙子 1 个、盐 5 克、蒜 1 瓣、青椒 1/2 个、红椒 1/2 个、洋葱 1/4 个、芝麻菜少许

做法：

1 橙子榨汁，蒜压成泥，芝麻菜切碎，青椒、红椒和洋葱切成 1 厘米见方的小块备用。

2 基围虾清洗干净，剥壳留尾，挑去虾线，加入盐、橙汁、蒜泥、芝麻菜碎搅拌均匀，腌制 20 分钟。

3 腌制 10 分钟后可以提前把烤箱上下火 200℃进行预热，腌制完成后，把基围虾和青椒、红椒、洋葱块依次穿在烧烤扦上，入烤箱烤 5 分钟。

4 烤好后可以再挤一些橙汁在烤好的基围虾串上面，口感会更丰富。

盐焗龙虾仔

分量 **4 人份**　时间 **45 分钟**

用料：龙虾仔 2 只、粗粒海盐 1000 克、黄油 100 克、面包糠 125 克、蒜 2 瓣、洋葱 1/4 个、黑胡椒碎少许、蛋黄酱 30 克、盐 3 克

做法：

1 龙虾仔洗净、擦干，从中间剖开。蒜捣成蒜泥，洋葱切碎备用。

2 将洋葱碎、蒜泥、面包糠和蛋黄酱混合均匀，加入黑胡椒碎和盐调味。

3 黄油室温软化后和酱料混合均匀，涂抹在龙虾肉上。

4 将海盐铺在烤盘里，220℃烤 20 分钟，使盐充分预热，然后把龙虾壳向下放在海盐上，烤 6~8 分钟，直至表面变得金黄。

TIPS　盐焗是利用盐导热的物理特性，锁住香气和汁水，也控制了温度，避免过高温度产生致癌物。

焗蟹盒

分量 2 人份　时间 45 分钟

用料：梭子蟹2只、洋葱20克、鲜奶15毫升、奶油10毫升、黄油15克、马苏里拉奶酪60克、面粉20克、黑胡椒粉2克

做法：

1 黄油室温化开。梭子蟹蒸15分钟，开壳后过凉水，去鳃，切开取蟹肉和蟹腿肉，蟹壳保留备用。

2 洋葱和蟹肉切粒，放入碗中。

3 加入黑胡椒粉、鲜奶、奶油、面粉和一半马苏里拉奶酪，搅匀。

4 加入化黄油，再次搅匀。

5 把搅拌好的蟹肉放回蟹壳中。

6 表面撒马苏里拉奶酪，放入185℃烤箱中烤20分钟，表面焦黄即可。

香烤小鲜鲍

分量 3 人份　时间 20 分钟

用料：新鲜小鲍鱼 10 只、XO 酱 50 克、老干妈豆豉辣酱 50 克、蒜碎 10 克、香葱碎 10 克、生抽 15 毫升、料酒 15 毫升、芝麻香油 5 毫升、白砂糖 10 克、白胡椒粉 2 克、淀粉 5 克

做法：

1 将新鲜小鲍鱼肉小心地从壳中取下，去掉内脏并冲洗干净。鲍鱼壳用刷子反复刷洗干净，备用。洗净的鲜鲍鱼肉用厨房纸巾吸干水分，切荔枝花纹。

2 大碗中放入 XO 酱、老干妈豆豉辣酱、蒜碎、香葱碎、生抽、料酒、芝麻香油、白砂糖、白胡椒粉和淀粉，混合拌匀。

3 烤箱 220℃ 预热，将洗好的鲍鱼壳放在烤盘上，将切好花刀的鲍鱼肉放入壳中，再在每个鲍鱼肉上浇上适量酱料，放入烤箱烤制 8~10 分钟。上桌前撒香葱碎装饰。

蒜蓉烤生蚝

分量 **4 人份**　时间 **20 分钟**

用料：生蚝 12 只、蒜 2 头、泰椒碎 10 克、葱花 5 克、黄油 100 克、盐 2 克、白胡椒粉 3 克

做法：

1 蒜去皮、切末，黄油放入锅中，小火加热至化开，放入蒜末炸至微黄色，连黄油倒入碗中，加入葱花和泰椒碎拌匀，然后调入盐和白胡椒粉备用。

2 生蚝撬开后洗净、擦干，每个生蚝中放入 5 克调味蒜蓉，码放在烤盘上。

3 烤箱 200℃预热，放入生蚝烤 8~10 分钟即可。

奶酪焗生蚝

分量 3 人份　**时间** 25 分钟

用料：生蚝 6 只、洋葱 30 克、蒜 4 瓣、蛋黄酱 20 克、马苏里拉奶酪 100 克、橄榄油 10 毫升、盐 3 克、白砂糖 10 克、黑胡椒碎 15 克、欧芹碎 10 克

做法：

生蚝表面洗净，将壳撬开，取出蚝肉，在沸水中烫一下后捞出，沥干水分，摆入壳中。

蒜和洋葱切末，锅中加入少许橄榄油，下蒜末和洋葱末炒香。

蛋黄酱加入盐、白砂糖和黑胡椒碎，搅拌均匀。

将炒香的洋葱末和蒜末撒在蚝肉上，浇上蛋黄酱，撒上马苏里拉奶酪和欧芹碎。

烤箱 180℃预热，将生蚝放入烤箱中层，烘烤 10 分钟左右，至表面微微上色即可。

花样主食

第四章

三杯焗饭

分量 2 人份　时间 25 分钟

用料：土豆 100 克、茄子 60 克、杏鲍菇 50 克、红椒 10 克、黄椒 10 克、小米辣 2 个、马苏里拉奶酪碎 100 克、九层塔 3 克、白米饭 200 克、酱油 10 毫升、米酒 10 毫升、香油 10 毫升

做法：

1 土豆、茄子、杏鲍菇切小块，红、黄椒切丁，小米辣、九层塔切碎。将处理好的食材盛入碗中备用。

2 烤箱 190℃ 预热。酱油、米酒、香油倒入碗中混合均匀，倒入米饭中，再与步骤 1 中的食材混合抓匀。

3 取一个烤盘，铺上锡纸，倒入步骤 2 中的食材，铺平上马苏里拉奶酪碎，放入预热好的烤箱烤制 15 分钟取出。

奶酪焗饭

分量 2 人份　时间 25 分钟

米饭被奶油汤汁包裹着，表面又覆盖了一层香浓的奶酪，真是又香又滑！

用料： 米饭 150 克、虾仁 50 克、青豆 20 克、胡萝卜 20 克、洋葱 20 克、淡奶油 30 毫升、牛奶 200 毫升、马苏里拉奶酪丝 50 克、黑胡椒粉 2 克、盐 5 克、黄油 15 克

做法：

1 洋葱切粒，胡萝卜切小丁。

2 锅中放入黄油，加热至化开，放入洋葱粒炒出香味，加青豆、胡萝卜丁和虾仁翻炒均匀，倒入牛奶和淡奶油搅拌均匀，中火煮至汤汁略浓时加黑胡椒粉和盐调味，煮成浓稠的奶香汁，关火。

3 取一只深底烤皿，在底部均匀地铺上米饭，把炒好的奶香汁倒在米饭上，最后撒上马苏里拉奶酪丝。

4 烤箱 180℃预热，把烤皿移入烤箱中部的烤架上，上下火烤 15 分钟，奶酪表面呈现焦黄色即可。

奶酪肉丸焗饭

分量 2 人份　时间 15 分钟

用料：番茄1个、小洋葱1个、牛肉丸10个、米饭200克、车达奶酪60克、黑胡椒碎2克、罗勒2克、油10毫升、盐2克

做法：

1 烤箱200℃预热。番茄、小洋葱洗净，番茄切块，小洋葱切粒。车达奶酪刨丝。

2 锅内倒油，将番茄块翻炒至软烂，加洋葱粒、1克黑胡椒碎和盐调味，制成番茄酱汁备用。

3 取一个烤皿，依次铺上米饭、牛肉丸和番茄酱汁。

4 撒车达奶酪丝和1克黑胡椒碎，放入预热好的烤箱烤制10分钟。取出后表面放罗勒装饰。

榴莲焗饭

分量 2人份　时间 1小时

用料：榴莲肉 150 克、热米饭 250 克、马苏里拉奶酪丝 65 克、淡奶油 75 毫升、盐 1 茶匙

做法：

1 用勺子将榴莲肉搅拌一下，调成酱。分成两份，备用。

2 在一半榴莲肉中加入淡奶油和盐，拌匀。

3 将热米饭放入调好的榴莲肉中，搅拌均匀。

4 取一只烤皿，将调和好的米饭放入烤皿，铺上马苏里拉奶酪丝，将另外一份榴莲肉放在奶酪丝上。

5 烤箱 165℃预热 10 分钟，放入烤皿，上下火烤 15～20 分钟即可。

菜品制作：聂英

米比萨

分量 3 人份　时间 35 分钟

用料：米饭 200 克、马苏里拉奶酪 60 克、番茄酱 30 克、黄椒 1 个、小洋葱 1 个、青豆 10 克、圣女果 5 个、盐 2 克

1 圣女果对半切开，黄椒切条，小洋葱切粒，青豆放热水中烫 3 分钟后取出。

2 将米饭放入比萨盘中，刷上番茄酱，撒约 20 克马苏里拉奶酪，再放上圣女果、黄椒条、小洋葱粒、青豆和盐，最后再撒约 40 克马苏里拉奶酪。

3 将比萨盘放入 150℃预热好的烤箱中烤 15 分钟，然后 185℃再烤 6 分钟即可。

乳饼比萨

分量 4 人份　时间 70 分钟

用料：大理乳饼 100 克、云南青豆米 25 克、马苏里拉奶
酪碎 30 克、黄油 10 克、白砂糖 6 克、面粉 120 克、水
80 毫升、酵母 3 克、盐 2 克。

做法：

1　将面粉、水、酵母、盐和 3 克白砂糖混合，揉成表面光滑的面团，盖上保鲜膜，
室温发酵约 40～50 分钟。云南青豆米切片。

2　比萨盘均匀地涂抹上黄油，将发酵后的面团用擀面杖擀成薄片，铺在比萨盘上，
可根据个人喜好调节薄厚度。用叉子在面饼上扎上小孔。

3　烤箱上火 180℃、下火 200℃预热。将大理乳饼切片，平铺在面饼上，撒上马苏
里拉奶酪碎、云南青豆米和 3 克白砂糖，放入预热好的烤箱中烘烤 25 分钟即可。

菜品制作：北京蝴蝶泉宾馆

烤饭团

分量 **3人份**　时间 **20分钟**

用料：米饭300克、熟腰果碎50克、海苔3张、白砂糖8克、寿司醋10毫升、生抽5毫升、苹果醋4毫升、沙拉酱30克

做法：

1. 米饭加入寿司醋搅拌均匀，放入熟腰果碎，再次搅拌，将剩米饭捏成三角形。
2. 将苹果醋、白砂糖、生抽调成汁，刷在饭团两面。
3. 将饭团放入180℃预热的烤箱中烤10分钟。烤好后放凉，裹一层海苔，淋沙拉酱即可。

TIPS
若想烤出双面焦香的效果，可以在烤到5分钟时翻面继续烤。

韩式焗烤年糕

分量 **4 人份**　时间 **35 分钟**

用料：年糕段 200 克、洋葱 1/2 个、红甜椒 1/2 个、胡萝卜 1/2 根、韩式辣酱 60 克、蒜泥 5 克、白砂糖 5 克、盐 5 克、高汤 100 毫升

做法：

1　洋葱切丝，胡萝卜、红甜椒切细段。年糕段放在温水里浸泡 10 分钟，使用前捞出，沥干水。

2　取一只深底烤盘，放入年糕条、胡萝卜段、红甜椒段、洋葱丝、韩式辣酱、蒜泥、白砂糖、高汤和盐，拌匀。

3　烤箱 200℃ 预热，烤盘移入烤箱中层，上下火烘烤 15 分钟即可。

TIPS　如果喜欢吃蔬菜，也可以加入圆白菜等蔬菜。

焗烤通心粉

分量 2 人份　**时间** 25 分钟

用料：空心面 200 克、培根 3 片、青豆 20 克、玉米粒 20 克、芦笋 20 克、车达奶酪 20 克、水 1000 毫升、橄榄油 15 毫升、盐 3 克

做法：

1. 烤箱 210℃ 预热，培根切碎，芦笋切小段，车达奶酪刨丝。
2. 在汤锅中倒水，煮开，放入空心面，煮 5~8 分钟至无硬心，沥水备用。
3. 平底锅中倒入橄榄油，放入青豆、玉米粒、培根碎、芦笋段和空心面翻炒，盛出后表面撒车达奶酪丝，放入烤箱焗烤 10 分钟。

牛肉千层面

分量 3人份　时间 1.5 小时

牛肉酱用料：牛肉馅300克、番茄1个、胡萝卜1/2个、洋葱1/2个、西芹30克、番茄酱60克、橄榄油20毫升、盐3克、红酒40毫升

千层面用料：意面皮5张、马苏里拉奶酪丝80克、牛肉酱100克、番茄酱80克、黄油40克、面粉30克、橄榄油20毫升、盐4克、牛奶300毫升

牛肉酱做法：

1 胡萝卜去皮、切丁，洋葱、西芹切丁，番茄切块。

2 锅中倒橄榄油，将洋葱丁炒软后加入牛肉馅翻炒。

3 加入胡萝卜丁、西芹丁和番茄块炒软。

4 锅中倒入红酒，翻炒后加番茄酱、40毫升清水和盐，小火熬煮30分钟即成。

千层面做法：

1 制作白奶油酱：黄油放入热锅中化开，加入面粉、2克盐炒至化开后再倒入温热的牛奶，共同搅拌成糊，即成白奶油酱。

2 另起锅，倒入500毫升水，煮开，加2克盐，将意面皮放入开水中煮至八分熟后捞起、过凉水，表面淋橄榄油备用。

3 烤盘上刷一层薄薄的橄榄油，依次放入意面皮、牛肉酱、番茄酱、白奶油酱、马苏里拉奶酪丝，最后盖上一层意面皮，即做成一个完整的千层面。一般做五六层，层数可随个人喜好增减。

4 用铝箔纸密封，放入200℃预热好的烤箱中烤20～25分钟，待千层面表面呈金黄色后取出，闷10分钟左右再掀开铝箔纸。

南亚黄油薄饼

分量 **2 人份**　时间 **40 分钟**

用料：面粉 300 克、酵母 3 克、黄油 30 克、水 200 毫升

有着松软和酥脆双重口感的白面薄饼是南亚地区很多家庭的常备主食，和咖喱是真正的绝配。这种薄饼原本需要用砖砌的大烤炉来制作，在家用烤箱也能实现。

做法：

1 将 80 毫升水加热至 33℃ 左右，放入酵母化开。面粉放入大盆中，倒入酵母水拌匀，继续缓缓加入剩余的水，一边加水一边搅拌面粉，直至面粉呈大片状，盆底没有多余的干面粉，放入室温软化的黄油，揉成面团。

2 继续揉搓面团，直至面团变光滑。放在盆里，盖上保鲜膜，室温发酵 2 小时，直至面团发至原来的 2.5 倍大。

3 烤箱 200℃ 预热，取一小团发好的面团，在手中揉捏两下，然后在烤盘上按扁并用手指向四周推开，做成边缘较厚、中间较薄的面饼。将剩余面团依此法制成面饼。

4 将面饼放在烤盘中，放入烤箱，烤至面饼膨胀，不见深色硬心即为熟透，具体时间视面饼大小而定。烤熟的薄饼厚的地方松软，薄的地方酥脆，非常美味。

TIPS　可以准备些香草，例如法香、香菜、百里香。烤之前在面饼上刷一层食用油，撒上香草碎，把加过香草的面饼坯放入烤箱烤制，别有一番风味。

春葱饼

分量 **2 人份**　时间 **1.5 小时**

用料：小洋葱 8 个、香葱 1 小把、橄榄油 30 毫升、干酵母 10 克、细白砂糖 8 克、牛奶 125 毫升、面粉 750 克、盐 5 克

做法：

1 小洋葱洗净、去皮、切片。香葱洗净、控干、切成葱花。

2 牛奶加热至 37 ℃，放入细白砂糖，和干酵母混合均匀，放在温暖的地方静置 10 分钟。

3 面粉过筛后放在盆中，加入盐混合均匀，然后加牛奶和 15 毫升橄榄油，揉成面团。把面团反复揉 5 分钟，直至表面光滑。

4 将面团擀成 1 厘米厚的面饼，撒上葱花，卷起来后再团成一个面团。将面团略微擀开，放入涂过油的烤盘中，摊成一个饼。

5 将小洋葱片按入面饼中，表面刷一层橄榄油，用湿布盖上，放在温暖的地方发酵 45 分钟。揭掉湿布后放入 200℃ 预热的烤箱中层烤 20 分钟，直至面饼变成金黄色即可。

爱尔兰早餐司康饼

分量 20 个　　时间 40 分钟

味道质朴，口感酥香，虽说看起来其貌不扬，但你很快就会迷恋
上它。无论是当作早餐配咖啡，还是当成下午茶的点心，抑或是
充当佐餐的主食，它都能够完美胜任。

用料：面粉450克、泡打粉14克、无盐黄油110克、鸡蛋2枚、全脂牛奶170毫升、蜂蜜80毫升、蔓越梅干40克

做法：

1 将无盐黄油在室温下软化，切成小块。酒浸蔓越梅干稍稍切碎。烤箱180℃预热，烤盘中铺好烘焙纸。

2 将面粉和泡打粉放入大碗中，充分混合，搅拌均匀。

3 将无盐黄油放入面粉中，用手不断捻搓黄油并与面粉混合，直至面粉呈面包屑状。

4 另取一碗，打入鸡蛋，倒入全脂牛奶和蜂蜜，充分搅打均匀。

5 将混合好的蛋奶混合液慢慢倒入面粉混合物中，放入酒浸蔓越梅干，用叉子慢慢翻拌，直至形成一个软软的面团，放在盆中醒10分钟。

6 案板上撒少量面粉，将面团轻轻按压成3厘米厚的面饼。用直径6厘米的圆形切模切出若干司康饼胚。也可以用刀切，用"米"字形切法，将大面饼切成8个小三角形。

7 将司康饼胚码放在铺好烘焙纸的烤盘上，注意每块之间要保留一些空间，不要挨得太近。将烤盘移入预热好的烤箱，180℃上下火烤制20分钟即可。

蜂蜜树莓果酱做法：

1 取100克新鲜或冰冻的树莓，清洗干净后倒入小锅中，放入50毫升蜂蜜，小火加热，不断地慢慢搅拌，直至汤汁烧开。

2 边加热边搅拌，直至汤汁收浓，即成甜美清新的蜂蜜树莓果酱。

3 将蜂蜜树莓果酱夹入切开的司康饼中，或是涂抹在司康饼上，撒上些糖粉即可。

TIPS 泡打粉和普通面粉一定要事先混合，否则烤的时候会起发不均匀。

碧根果黄桃薄饼

分量 **4 人份**　时间 **2 小时（含发酵时间）**

用料：面粉 200 克、南瓜 200 克、酵母粉 3 克、黄桃 1 个、碧根果仁 1 把、芝麻菜 1 小把、百里香 1 小把、迷迭香 1 小把、帕玛森奶酪碎适量、里可塔奶酪适量、盐 3 克、黑胡椒碎 3 克、香脂醋 30 毫升、白砂糖 20 克、黄油 15 克

做法：

1 用 100 毫升水（30℃）将酵母粉化开。面粉放入碗中，加入酵母水和 10 克白砂糖，揉成光滑的面团，盖上湿布，室温发酵至体积变为原来的 1.5 倍。

2 黄桃洗净、切块，南瓜切块。平底锅中放入黄油，小火加热至化开，放入 10 克白砂糖搅拌至化开，并呈金黄色，放入黄桃块，煎至表面焦黄，如果有液体渗出，大火收干即可。

3 用同样的方法把南瓜块煎一下。然后加入帕玛森奶酪碎和少许水，焖煮至软烂，再用搅拌机打成黏稠的糊。

4 将发好的面团轻轻拍扁，擀成薄饼，表面涂上南瓜糊，放上焦糖黄桃，放入 200℃预热好的烤箱烤 10 分钟，取出后撒上碧根果仁再烤 5 分钟。

5 用一个小锅放入香脂醋，加入百里香、迷迭香、盐、白砂糖，小火熬煮，浓缩成酱汁。薄饼出炉后撒上里可塔奶酪碎、芝麻菜和黑胡椒碎，淋上酱汁即可。

番茄鸡蛋小饼

分量 **2 人份**　时间 **30 分钟**

用料：番茄 1 个、圣女果 50 克、青苹果番茄 50 克、鸡蛋 4 枚、低筋面粉 70 克、盐 3 克、黑胡椒粉 8 克、泡打粉 3 克、番茄酱 50 克

做法：

1 番茄去皮、切丁，放入低筋面粉、盐、鸡蛋、泡打粉、番茄酱和黑胡椒粉，加水搅拌均匀。

2 烤盘上铺烘焙纸，用勺子在烘焙纸上舀出直径约 5 厘米的面糊，与圣女果一起放入 190℃预热好的烤箱，烤 15 分钟，取出后撒切碎的青苹果番茄即可。

榴莲春卷

分量 2 人份　时间 30 分钟

用料：榴莲肉 150 克、春卷皮 8 张、蛋黄 2 个

做法：

1 将榴莲肉切成条。蛋黄打散。

2 取部分榴莲肉放在春卷皮一端。

3 卷半圈，再将春卷皮左右两端向内折，继续包卷。

4 最后在封口的春卷皮一角抹上蛋黄液，包裹得更加严实。依次做好全部春卷。

5 春卷表面刷上一层蛋黄液，放入 180℃ 预热的烤箱中烤制 10 分钟。取出后在表面再刷一层蛋黄液，再放入烤箱烤制 5 分钟即可。

杂粮法棍

分量 6根 时间 27 小时（含冷藏及发酵时间）

法棍可谓是法国人生活中必不可少的美食，更是法兰西精神的象征。法国前第一夫人布吕尼在其银幕处女秀《午夜巴黎》的剧照上，手拿的不是新款时尚手袋，而是一根新鲜出炉的法棍面包。

用料：高筋面粉 1900 克、小米 20 克、白芝麻 20 克、熟芝麻 20 克、黑芝麻 20 克、亚麻子 20 克、燕麦片 20 克、瓜子仁 20 克、鲜酵母 20 克、盐 40 克、水 1600 毫升

做法：

1 小米、白芝麻、熟芝麻、黑芝麻、亚麻子、燕麦片和瓜子仁混合。

2 将谷物混合物与高筋面粉混合、搅匀。

3 加入 1200 毫升清水，将面粉揉成面团并上劲，或放入和面机中慢速搅拌 5 分钟，再冷藏 24 小时。

4 面团取出后加入盐和鲜酵母。

5 在面团中加 200 毫升清水，放入和面机慢速搅打 5 分钟，然后再快速搅打 5 分钟，最后再加 200 毫升清水，慢速搅打 5 分钟，搅拌出延展性即可。

6 将面团室温发酵 2 小时，然后在面团上撒少许面粉。

7 将面团切割成小面团，每个 330 克。

8 将小面团用手拉成 50 厘米长的条，再醒发 20 分钟。

9 在长条面团表面用刀割一条线，然后放入 250℃的烤箱中烤 18 分钟。

TIPS　在面坯入烤箱时，用喷壶将表面喷湿，可使面包的外形更挺一些。

面点制作：TIENSTIENS 将将、李显刚

风干蒜菜花烤法棍

分量 3人份　时间 15分钟

用料：罗马菜花 1/2 棵、法棍 1 个、黄油 50 克、风干蒜碎 15 克、甜菜苗 10 克、盐 2 克

做法：

1 将罗马菜花掰成小朵，冲洗干净后沥干。法棍斜刀切厚片，黄油室温软化，烤箱 185℃预热。

2 将罗马菜花、黄油和盐放入料理机中搅打均匀，然后用餐刀抹在法棍上，放入预热好的烤箱烤 8 分钟。

3 取出后撒上风干蒜碎，再用甜菜苗装饰即可。

甜品小吃

第五章

巧克力焦糖布丁

分量 **8 人份**　　时间 **75 分钟**

在蛋、奶、糖中加入巧克力，表面一层脆脆的焦糖皮，用勺子轻轻敲开，尽享丝滑与甜蜜。

用料：黑巧克力120克、蛋黄4个、白砂糖90克、全脂牛奶250毫升、奶油250毫升、黄糖4汤匙

做法：

1 将蛋黄和白砂糖混合搅拌至白砂糖化开。

2 将全脂牛奶和奶油放入锅中煮开。

3 将黑巧克力放入大碗中，倒入煮开的牛奶奶油混合物，搅拌均匀。

4 将巧克力牛奶混合物加入到蛋黄中搅匀。

5 将混合物倒入杯中，用水浴法、90℃烤1小时后取出，冷却后即可食用。也可以再做一层焦糖皮。在冷却的布丁上均匀撒满黄糖，用喷枪将糖化开，形成焦糖皮。

TIPS
水浴法：先在一个大容器里加水，然后把要加热的容器放入水中。加热盛水的容器，通过水把热量传递到需要加热的容器里，达到加热的目的。

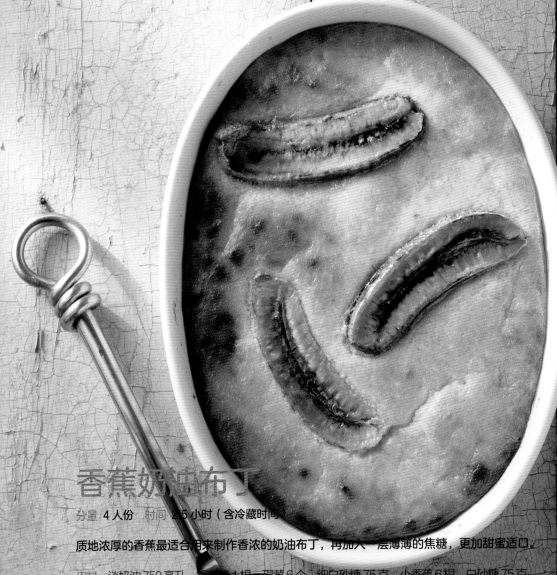

香蕉奶油布丁

分量 4人份 时间 2.5小时（含冷藏时间）

质地浓厚的香蕉最适合用来制作香浓的奶油布丁，再加大一层薄薄的焦糖，更加甜蜜适口。

用料：淡奶油750毫升、香草荚4根、蛋黄6个、细白砂糖75克、小香蕉6根、白砂糖75克

做法：

1 小香蕉去皮、纵向对半切开，把香草籽从香草荚中取出，备用。烤箱160℃预热。

2 将淡奶油和香草籽放入锅中，中火烧开。蛋黄中加入细白砂糖搅拌均匀，倒入香草奶油中，不断轻轻搅拌，小火加热40分钟，直至蛋奶糊变稠，并能附着在勺子上。将蛋奶糊盛入碗中。

3 取4个约400毫升的烤皿，把切好的小香蕉分别放进烤皿中，倒入蛋奶糊。将烤皿放入烤盘中，烤盘中加足量热水（以没过烤皿外壁的一半为宜），入160℃烤箱烤25~30分钟，直至蛋奶糊凝固后取出，放入冰箱冷藏1小时。

4 锅中倒入白砂糖，用小火加热，直至白砂糖变成金棕色的焦糖后离火，用勺子盛出焦糖，淋在布丁上即可。

蛋奶樱桃布丁

分量 **2 人份**　时间 **30 分钟**

樱桃所含的维生素 E 足以让任何想要"青春永驻"的人动容，多吃点儿樱桃吧，既美味又美容。

用料：面粉 70 克、泡打粉 3 克、鸡蛋 2 枚、白砂糖 60 克、淡奶油 180 毫升、香草精 2 滴、盐 1 克、樱桃 450 克、黄油少许、糖粉适量

做法：

1 鸡蛋中加入 30 克白砂糖，用打蛋器打至颜色略浅（无须打发）。

2 面粉过筛后和泡打粉、盐混合，加入蛋液中，调成无颗粒的面糊。

3 在淡奶油中加入香草精，调入面糊，轻轻搅拌均匀，备用。

4 用中火在平底锅中将黄油化开，放入洗净、去梗的樱桃和剩余白砂糖，加热至白砂糖化成焦糖，取出樱桃，铺在烤盘中。

5 倒入面糊，轻磕 2 次，放入 200℃预热的烤箱中层烤 20 分钟左右，至面糊膨胀、边缘上色后取出，撒上糖粉即可。

圣诞姜饼屋

分量 15 个　**时间** 1.5 小时（含冷藏时间）

用料：低筋面粉 75 克、黄油 25 克、红糖 20 克、蜂蜜 15 毫升、鸡蛋 13 克、姜粉 15 克、肉桂粉 0.5 克、小苏打 0.5 克、蛋清 48 克、糖粉 180 克、柠檬汁 10 毫升

做法：

1 黄油软化，加入鸡蛋搅拌均匀，再放入红糖、蜂蜜、低筋面粉、姜粉、肉桂粉、小苏打搅拌均匀成面团，冷藏约 1 小时左右。

2 面团取出后放在食品袋上，擀成 3 毫米厚的面坯，用模具刻出房子形状，放入预热好的烤箱，上火 180℃、下火 160℃烤 10~15 分钟，放凉。

3 蛋清中加柠檬汁，搅打出粗泡，分 2 次加入过筛后的糖粉，拌匀成蛋白霜，搅打至黏稠。

4 将蛋白霜装入裱花袋中，在饼干上画出窗户等装饰线即可。

甜品制作：韩晶莹

草莓松饼

分量 6 人份　时间 50 分钟

用料：面粉250克、淡奶油80克、黄油60克、盐1克、糖粉50克、鸡蛋1枚、泡打粉6克、蛋黄液少许、草莓酱少许、搅打奶油适量

做法：

1 面粉过筛，加入盐、糖粉和泡打粉混合均匀。取出冷藏过的黄油，切成0.5厘米见方的小丁，放入面粉中，轻轻搓揉面粉，直至看不到黄油颗粒为止。

2 鸡蛋打散，和淡奶油一起加入到搓好的面粉中，轻轻揉成面团。把面团放在案板上，擀成2厘米厚的片，然后折3折，再擀成厚面片，转90度后折3折，继续擀，最后擀成3厘米厚的厚片，用模具刻出圆形。把所有圆形生面坯放在铺好烘焙纸的烤盘上。

3 烤箱180℃预热，将生面坯放入中层，上下火烤10分钟。取出后在松饼表面刷一层蛋黄液，再次放回中层，再烤10分钟即可。

4 将松饼趁热从中间切开，加入草莓酱，顶端装饰搅打奶油即可。

南瓜奶酪夹心酥饼

分量 4 人份　时间 1 小时

金灿灿的南瓜和秋天的颜色何其相似！把它们做成香脆的南瓜酥饼，再抹上香滑的奶酪夹心，在秋高气爽的下午与朋友一起分享这香甜滋味，齐享秋日美景。

饼干用料：无盐黄油110克、糖粉90克、鸡蛋1枚（约50克）、低筋面粉210克、杏仁粉40克、南瓜粉50克、香草精少许、肉桂粉3克、盐2克、泡打粉2克
夹馅用料：鲜奶油80毫升、奶油奶酪150克、糖粉20克、南瓜50克

做法：

1 把软化的无盐黄油和糖粉一起放入搅拌盆中，用刮刀混合均匀，再用打蛋器搅打至颜色发白、体积膨大、边缘呈羽毛状。

2 将鸡蛋打散，分2次往黄油中加入蛋液，每次加入蛋液后都用打蛋器充分搅打均匀。

3 加入盐和香草精搅拌均匀。

4 所有粉类材料过筛后加入黄油中，充分拌匀成面团。

5 将面团放入冰箱冷藏30分钟后，分成两等份，放入两张烘焙纸之间，擀至3毫米厚。

6 用直径5厘米的圆形饼干切模从其中一张面饼上切出饼干坯，放在铺上烘焙纸的烤盘上；另外一张面饼先切出圆形饼干坯，再用直径3厘米的切模在中间切出圆形并掏空。

7 把饼干坯放入预热好的烤箱，170℃烤12~15分钟至颜色金黄后取出，冷却。

8 南瓜上蒸锅隔水蒸熟，用勺子压成南瓜泥。

9 奶油奶酪用搅拌机搅打至柔滑无颗粒，加入南瓜泥，充分搅拌均匀。

10 取一个干净的盆，倒入鲜奶油和糖粉，打发至七分后，分3次加入到南瓜奶酪中，充分翻拌均匀。

11 在普通饼干中间挤上南瓜奶酪酱，再叠上镂空饼干压牢，最后撒上糖粉（分量外）装饰即可。

超简单榴莲酥

分量 **3 人份**　时间 **30 分钟**

用料：蛋挞皮 20 个、榴莲肉 400 克

做法：

1 将蛋挞皮常温稍微回软后，撕下锡纸。

2 榴莲肉分成每份 20 克，填入蛋挞皮，然后将两侧对折，包住馅料，轻轻按压边缘，再用叉子尖部按压蛋挞皮边缘，压出花边。

3 烤箱 150℃预热，将榴莲酥生坯摆入烤盘中，放入烤箱烤制 20 分钟，烤至表面金黄酥脆即可。

巧克力蛋白酥

分量 3 人份　时间 1.5 小时（含晾凉时间）

蛋白酥绵软香甜，入口即化，再搭配上榛果巧克力酱和杏仁碎，让你唇齿留香。

用料　蛋清 3 个、柠檬汁 3 滴、白砂糖 50 克、香草精 2 毫升、榛果巧克力酱 50 克、杏仁碎适量

做法：

1 蛋清中滴入香草精和柠檬汁，低速打发至粗泡状，分 2 次加入白砂糖，中速搅打成干性发泡。

2 将打发的蛋清装入裱花袋，在铺了烘焙纸的烤盘上挤成直径约 5 厘米的圆盘（底部要填满），然后在上边再挤一圈，做成小窝形状，放入 100℃预热的烤箱烤 90 分钟，在烤箱里静置 30 分钟后取出晾凉。

3 用星形裱花嘴将榛果巧克力酱裱在蛋白酥中央小窝处，最后撒上杏仁碎即可。

枫糖香蕉挞

分量 **2 人份**　时间 **30 分钟**

一层酥脆的法棍面包，一层浓郁的奶油，一层软糯的香蕉，再混合上香甜的枫糖浆，不同口味都融合在这一口枫糖香蕉挞中。

用料：香蕉 2 根、枫糖 125 毫升、淡奶油 250 毫升、细白砂糖 50 克、法棍面包 1/2 根、纯净水 60 毫升

做法：

1 将枫糖和纯净水倒入锅中，搅拌均匀，中火加热七八分钟，其间不断搅拌，直至枫糖浆变稠、颜色变深，将枫糖浆盛入碗中放凉。香蕉去皮、切成片备用。

2 法棍面包斜切成片，放入 180℃预热的烤箱中烤 12 分钟，直至法棍片变得酥脆。淡奶油和细白砂糖放入碗中，用打蛋器打发至干性发泡。

3 将烤好的法棍片放在最下面，上面堆上打发好的淡奶油，再摆上切好的香蕉片，最后淋上枫糖浆即可。

酥皮苹果挞

分量 2人份　时间 40分钟

用料：榛子碎 70 克、柠檬 1/2 个、白砂糖 30 克、淡奶油 60 毫升、提子干 15 克、青苹果 4 个、千层派皮适量、蛋液适量、糖粉适量

做法：

1 柠檬打成果泥，加入榛子碎、白砂糖、淡奶油和提子干混合均匀。

2 青苹果去皮，刷上柠檬汁防止变色，去核后填入步骤 1 的馅料。

3 千层派皮擀成 3 毫米厚的大片，然后切成 12 厘米见方的小块，取一个环形模具，刻出 4 个"盖子"。

4 将苹果放在面皮中间，四周向上拎起、捏紧，顶部用面皮盖好，刷上蛋液，送入 180 ℃的烤箱烤 20 分钟，直至表面金黄。取出后撒上糖粉，可以搭配香草冰淇淋享用。

161

白巧克力榛子派

分量 2 人份　时间 40 分钟

用料：纸酥皮适量、白巧克力 100 克、榛子 150 克、薄荷叶 10 克、黄油 20 克

做法：

1 将榛子、白巧克力和薄荷叶切成小块混合均匀。黄油化开。

2 将纸酥皮切成长 15 厘米、宽 10 厘米的条，中间放入适量步骤 1 中的馅料，然后把纸酥皮卷成卷，两头折叠封死，放入烤盘。

3 烤箱 190℃预热，在纸酥皮外层刷上一层黄油，放入烤箱中层烤至金棕色即可。

牧羊人派

分量 4 人份　时间 1 小时

用料：羊肉碎 350 克、番茄 2 个、土豆 2 个、洋葱 1 个、蒜 4 瓣、番茄酱 30 克、红酒 30 毫升、百里香 2 枝、迷迭香 1 枝、帕玛森奶酪碎 30 克、黑胡椒碎少许、黄油 30 克、鲜奶油 30 毫升、盐适量、白砂糖 30 克、橄榄油 30 毫升

做法：

1 土豆带皮煮熟，剥皮后趁热压成泥（如果蒸熟，可以加少许牛奶或水）。加入黄油和鲜奶油，调入少许盐和黑胡椒碎，搅拌均匀备用。

2 番茄去皮、切成丁，洋葱和蒜切碎，百里香取叶，迷迭香取叶、切碎备用。

3 炒锅中倒橄榄油，大火加热至油温四成热时，放洋葱碎和蒜末煸炒至洋葱透明，放入羊肉碎炒至变色。

4 加入番茄酱翻炒均匀，然后加入番茄丁继续翻炒至番茄丁变软并出汤汁，加入香草和黑胡椒碎，倒入红酒（或少许水），加盖焖煮 10 分钟，然后调入盐和白砂糖，加入帕玛森奶酪碎翻炒均匀后，开大火收浓汤汁。

5 将炒好的肉酱盛入耐热的派盘中，把土豆泥装入裱花袋中，在肉酱上挤上厚厚的一层土豆泥，或者用勺子把土豆泥盛在肉酱上面并尽量铺平，用叉子划出纹路。把派盘放入 200℃ 预热的烤箱，烤 3 分钟至表面上色即可。

莓果派

分量 4 人份　时间 10 小时（含冷藏时间）

夏季是莓果的季节，小小的浆果十分可
爱，作为食材一般应用在甜点中较多，或
是制成甜酒或果酱。

莓果用料：蓝莓 15 颗、草莓 5 颗、树莓 20 颗、醋栗 3 串、黑莓 2 颗
派皮用料：低筋面粉 200 克、黄油 100 克、盐 3 克、白砂糖 8 克、冷水 10 毫升
卡士达酱用料：蛋黄 2 个、牛奶 200 毫升、黄油 20 克、低筋面粉 30 克、白砂糖 30 克
装饰用料：糖粉 5 克

做法：

1 制作派皮：室温将黄油软化，加入盐、白砂糖，筛入低筋面粉，倒入冷水混合。

2 将面粉揉成面团，放入冰箱冷藏 1 小时。

3 取出后，将面团放在 2 张烘焙纸中间，擀平成派皮。

4 烤箱 170℃预热，将派皮平铺在模具上并完全贴合，去除多余的边缘，用叉子在派皮表面多插些小孔，放入烤箱烤 10 分钟后，调至 180℃，再烤 10 分钟。

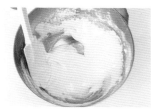

5 制作卡士达酱：将蛋黄倒入大碗中，加入白砂糖搅打至蓬松，筛入低筋面粉后混合搅拌。

6 倒入牛奶，小火加热并搅拌，防止糊锅。煮至黏稠后倒出，降温至 37℃后与常温黄油拌匀，放冰箱冷藏一晚。

7 将所有莓果洗净，若草莓较大可以切成两半。取出烤好的派皮，倒入放凉的卡士达酱，摆入各种莓果，撒上糖粉即可。

树莓迷你玛芬

分量 16 个　时间 40 分钟

用法： 低筋面粉 360 克、鸡蛋 2 枚、植物油 110 毫升、细白砂糖 200 克、树莓汁 200 毫升、泡打粉 6 克、新鲜树莓 200 克、淡奶油 220 毫升

做法：

1 将低筋面粉和泡打粉混合过筛，再加入细白砂糖搅拌均匀。放入植物油和树莓汁充分搅匀后，分 2 次加入鸡蛋，搅拌均匀。

2 将准备好的面糊分别装入 16 只小玛芬模具中，180 ℃烤制 30 分钟。

3 将淡奶油打发，分别装饰在每一只迷你玛芬上，再在上面放上新鲜树莓即可。

鸡蛋牛油果泡芙

分量 3 人份　时间 45 分钟

用料：鸡蛋 3 个、牛油果 4 个、盐少许、牛奶 45 毫升、水 45 毫升、黄油 37 克、低筋面粉 46 克、白砂糖 3 克

做法：

1 牛油果取果肉，2 个鸡蛋用水煮熟后剥皮。将牛油果肉和熟鸡蛋放入搅拌器中搅碎，加入少许盐调味。

2 牛奶加入水、黄油、盐和白砂糖，大火煮沸。关火后加入低筋面粉，搅拌均匀。

3 再开中火，用刮刀向锅底反复碾压搅拌面糊 1 分钟，直到把面糊全部烫熟。

4 关火，将一个鸡蛋的蛋液分 3~5 次倒入面糊当中，每次搅拌均匀即可。将面糊装入裱花袋中。

5 烤盘上铺烘焙纸，将面糊挤到纸上。

6 烤箱 180℃上下火预热 10 分钟，将烤盘放入烤箱，烤大约 10 分钟即可。

7 烤熟的泡芙放凉后切开，加入鸡蛋牛油果馅心即可。

黑加仑奶酪蛋糕

分量 **3 人份**　时间 **50 分钟**

这是一个做法超级简单的奶酪蛋糕，配上冰冻过的黑加仑
酱，味道嘛，试过你就知道啦！

黑加仑酱用料：黑加仑果汁 250 毫升、白砂糖 20 克、粟粉 10 克
奶酪蛋糕用料：奶油奶酪 500 克、鸡蛋 2 枚、白砂糖 90 克、消化饼
100 克、黄油 50 克

做法

1 将所有黑加仑酱用料混合，放入锅中小火煮沸片刻后离火。待黑加仑
酱变凉后移入冰箱冷藏室。
2 消化饼放入保鲜袋中，用擀面杖擀碎，加入在室温下软化的黄油，拌匀。
3 将奶油奶酪切成小块，放入搅拌机中，打入鸡蛋，加入白砂糖，搅拌
成糊。
4 在烤盘中铺入锡纸或烘焙纸。烤箱 130℃预热。
5 将柱状的模子立在烤盘中，把消化饼碎放入模子中压实，大约 0.5 厘
米厚，然后倒入奶油糊。
6 将烤盘移入烤箱，烤约 30 分钟，烤好后取出晾凉。食用时淋上冷藏
过的黑加仑酱即可。

酸奶冻奶酪蛋糕

分量 8寸方形模具1个　**时间** 6小时（含冷冻时间）

果冻状的嫩黄镜面，甜中带着奶酪的微酸，切成适宜的小块，搭配红茶、果茶皆可。

酸奶奶酪用料： 奶油奶酪250克、酸奶225克、牛奶50毫升、可生食鸡蛋黄1个、白砂糖95克、淡奶油150毫升、柠檬汁18毫升、朗姆酒15毫升、吉利丁片13克
饼底用料： 消化饼干150克、黄油50克
黄色镜面用料： 橙汁100毫升、橙味力娇酒8毫升、吉利丁片15克、水450毫升

1 吉利丁片放入冷水中泡软。黄油放入微波炉中加热化开。

2 制作饼底：将消化饼干用擀面杖碾成颗粒，倒入化黄油搅匀，放入模具，铺平压紧，放入冰箱冷藏，备用。

3 制作酸奶奶酪：奶油奶酪室温软化，放入白砂糖，隔温水打发至无颗粒状态。加入鸡蛋黄、朗姆酒、柠檬汁和酸奶，搅拌均匀成奶酪糊。酸奶尽量选择质地浓稠的，以免影响凝固。

4 牛奶、淡奶油混合，放入微波炉加热至微热，放入软化的吉利丁片，搅拌至化开，分3次倒入奶酪糊中，拌匀后倒入模具，冷藏4小时。

5 制作黄色镜面：奶锅中倒入橙汁和水，加热至60℃，放入软化的吉利丁片和橙味力娇酒，搅拌均匀，浇入模具，冷藏30分钟即可脱模，切块食用。

抹茶蛋糕卷

分量 3 人份　时间 50 分钟

蛋糕卷用料：蛋黄 3 个、细砂糖 60 克、牛奶 55 毫升、玉米油 45 毫升、低筋面粉 50 克、抹茶粉 10 克、蛋清 3 个
内馅用料：淡奶油 160 毫升、糖粉 5 克、蜜豆适量
装饰用料：淡奶油 80 毫升、新鲜时令水果适量

做法：

1 蛋黄中加入 20 克细砂糖，打发至蛋糊变白且浓稠。

2 加入玉米油和牛奶拌匀。

3 加入过筛的低筋面粉和抹茶粉，用刮刀拌匀。

4 蛋清中分 3 次加入 40 克细砂糖，打成偏干蛋白霜。

5 蛋白霜分 3 次加入抹茶蛋糊中拌匀。烤箱上火 160 ℃、下火 150 ℃预热约 10 分钟。

6 将拌匀的面糊倒入模具里抹平，放入预热好的烤箱中烤制 20~25 分钟。取出晾凉。

7 将淡奶油加糖粉，打发至浓稠。

8 将烤好的抹茶蛋糕四周切平整，抹上打发好的奶油，奶油前面厚、后面薄。在奶油上均匀地铺上蜜豆，从奶油厚的一端卷向薄的一端，可以将擀面杖紧贴在厚奶油的烘焙纸下，借助擀面杖卷起蛋糕。

9 卷好的蛋卷用烘焙纸包起来，扭紧纸两端，放进冰箱冷藏一晚。最后挤上淡奶油，放上新鲜水果装饰即可。

马卡龙

分量 **2 人份**　时间 **1 小时**

马卡龙外壳用料：蛋清 90 克、蛋白粉 6 克、白砂糖 30 克、糖粉 170 克、杏仁粉 120 克、食用色素适量

夹心黄油酱用料：蛋清 100 克、白砂糖 250 克、水 90 毫升、黄油 500 克

做法：

1 制作马卡龙外壳：糖粉和杏仁粉一起过筛，去掉粗糙的颗粒。用刮刀充分搅拌，让糖粉把杏仁粉完全包裹住。

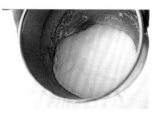

2 在蛋清中加入蛋白粉，用电动打蛋器打发，打至蛋清发白，表面能够留下纹路时加入白砂糖，继续打发。

3 蛋清打发至干性发泡，蛋清完全硬挺，打蛋器中间不残留蛋白。调入适量食用色素。

4 继续打发，直至蛋白颜色完全均匀，停顿1分钟，再继续搅打，直至蛋白质地开始变得软滑、细腻有光泽。

5 将打好的蛋白加入到之前混合好的糖粉中，不停地从底部抄起翻拌，再用力压开面糊，压出多余的空气。

6 用刮刀挑起搅拌完成的面糊时，可以看到它连续地流下来。

7 在裱花袋上装一个直径0.8厘米的圆形裱花嘴，把搅拌好的面糊装入裱花袋中。烤盘中铺烘焙纸，在上面挤出直径2.5厘米左右的圆形，每个圆形面糊之间保留足够的空隙。

8 全部挤好后将烤盘在桌上振动几下，让面糊表面平整，直径略变大，厚度为0.3~0.4厘米为宜。将马卡龙生坯放在通风处晾30分钟左右，直至表面不再粘手。

9 烤箱160℃预热，烤盘放入烤箱中层烤11~13分钟，取出后晾凉。

10 制作夹心：小锅中放入白砂糖和水，煮至112℃，可以看到糖水产生均匀的小泡。小泡升起、破裂的动作明显变慢，糖水就煮好了。煮好的糖水会产生明显的挂壁。

11 蛋清放入盆中，用电动打蛋器高速打发，并缓缓加入糖水，搅打至蛋清的温度比手的温度略高。

12 加入黄油继续搅打成米白色，夹心黄油酱就做好了。

13 组装：将夹心黄油酱装入裱花袋中，挤在烤好的马卡龙外壳上。合上外壳轻轻挤压，放入冰箱冷藏。

TIPS　1 可以事先在烘焙纸下做标记，或使用马卡龙硅胶垫，这样可以保证每个马卡龙大小一致。
2 冷藏可以使马卡龙外壳更酥脆。

香脆吐司条

分量 3 人份　时间 10 分钟

烤好的吐司条格外香脆，嚼起来还带着砂糖脆脆的口感。
下午茶时和朋友一起享受这"嘎嘣脆"的香甜美味吧。

用料：方形吐司 1 个、白砂糖 15
克、黄油 10 克

做法：

1 先将吐司切成约 3 厘米厚的片，
再切成约 3 厘米宽的条。

2 黄油用微波炉加热化开，用刷子
均匀地刷在吐司条表面，撒上白
砂糖。

3 烤箱 190℃ 预热，放入吐司条烤
5 分钟左右，至表面金黄即可。

香蕉吐司盒

分量 3 人份　时间 15 分钟

香蕉加上白砂糖烤过以后，吃起来格外的软糯
香甜，再搭配脆脆的吐司，真是好吃极了。

用料：厚切吐司 1/3 个、小香蕉 2 根、白砂糖 30 克、黄油 10 克

做法：

1 在吐司顶部中央挖一个浅浅的方形洞。黄油化开后，均匀地刷在吐司表面。

2 香蕉剥皮后纵向剖开，整齐地码放在吐司的浅洞中，撒上白砂糖。

3 烤箱 200℃ 预热，放入香蕉吐司盒烤约 8 分钟，至吐司表面金黄即可。

芝麻酥方

分量 **4 人份** 时间 **20 分钟**

用料：厚方片面包 2 片、白芝麻 30 克、橄榄油 15 毫升、蜂蜜 30 毫升

做法：

1 面包去掉硬边，切成 3 厘米见方的方块，码在烤盘中。

2 在面包块表面均匀地刷一层橄榄油，再刷一层蜂蜜，然后撒上白芝麻。

3 烤箱 170℃预热，把烤盘移入烤箱，烘烤 10 分钟左右即可。

奶酪椰丝球

分量 **4 人份**　时间 **35 分钟**

用料：椰丝 100 克、奶粉 20 克、低筋面粉 30 克、蛋清 2 个、奶酪 50 克、细砂糖 40 克

做法：

1 将 80 克椰丝（留 20 克做表面装饰）、奶粉、低筋面粉和细砂糖混合均匀，倒入蛋清，用橡皮刮刀拌成均匀的面团。

2 取一小块面团，搓成小球后压扁，包入切成小粒的奶酪，封口后搓成圆球，在椰丝里滚一下，裹上椰丝。依此方法做好所有的椰丝球。

3 将椰丝球摆入烤盘，放入 150℃ 预热的烤箱中烤约 25 分钟即可。

香烤瓦片奶酪

分量 **4人份**　时间 **10分钟**

用料 马苏里拉奶酪80克、现磨黑胡椒碎5克、白砂糖5克

做法:

1. 马苏里拉奶酪擦成丝, 也可以直接使用奶酪丝。
2. 在烤盘中铺上烘焙纸, 将奶酪丝分摊成直径5厘米左右的几个小堆, 均匀地撒少许白砂糖, 磨一些黑胡椒碎, 小堆之间间隔3厘米左右。
3. 烤箱上下火200℃预热, 将烤盘移入烤箱中烤两三分钟, 至奶酪起小泡, 表面微微焦黄。取出后趁热在擀面杖上卷一下, 成瓦片状即可。

TIPS　烤好的奶酪片稍微凉一下就可以吃了, 最好不要放置太久, 否则奶酪香浓的味道就会减弱。

脆片鹰嘴豆泥

分量 4人份　**时间** 15分钟

包饺子剩下的饺子皮华丽转身，变成了香脆可口的小食，用来搭配鹰嘴豆泥，非常美味。

用料：饺子皮12张、罐装鹰嘴豆200克、花生酱15克、柠檬汁5毫升、盐3克

做法：

1 准备几个蛋挞模子，把饺子皮压入模子。

2 烤箱200℃预热，将模子移入烤箱中烘烤5分钟左右，待饺子皮表面变得微微焦黄后取出脱模，这时饺子皮会变成一个个花朵形的小碗。

3 鹰嘴豆沥干水分，用汤匙压碎，倒入搅拌机中，加入花生酱、柠檬汁和盐搅拌一两分钟，至鹰嘴豆顺滑，如果有颗粒可以继续搅打。

4 将打好的鹰嘴豆泥盛入烤好的饺子皮碗中即可。

无花果火腿脆片

分量 3 人份　　时间 20 分钟

味道别致的一道小食，清甜的无花果搭配烤得脆脆的面包片和火腿片，口感分外合拍。

用料：新鲜紫皮无花果 3 个、厚片全麦面包 3 片、意大利火腿 3 片、奶油奶酪 100 克、香葱花 3 克、海盐 3 克、橄榄油 15 毫升、蜂蜜 10 毫升

做法：

1　面包片去掉四边，切成 4 个小方块，铺在烤盘中，表面刷一层橄榄油，撒上海盐。意大利火腿片也铺在烤盘中。

2　烤箱 180℃预热，将烤盘移入烤箱，烘烤 5 分钟。

3　在奶油奶酪中加入蜂蜜和香葱花拌匀，调成奶酪酱。

4　无花果切去顶端和尾部，切成稍厚的片。

5　取出烤好的面包片，把切好的无花果片放在面包片上，将奶酪酱舀成球形放在无花果上，再将烤好的火腿脆片分成小片插在奶酪球上即可。

七味薄脆

分量 **3 人份**　时间 **20 分钟**

热辣的薄脆与丝滑的酸奶一经相遇，便胜却人间无数。

用料：饺子皮 10 张、橄榄油 3 毫升、七味粉 5 克、酸奶 100 克

做法：

1 饺子皮擀成薄片，刷一层薄薄的橄榄油，撒上七味粉，用小刀划开。

2 放入预热好的烤箱中，160℃烤 15 分钟后取出。

3 搭配酸奶食用即可。

巧克力香蕉包

分量 3 人份　时间 10 小时（含冷藏时间）

香蕉卡仕达酱用料：香蕉果酱 200 克、鸡蛋 90 克、蛋黄 60 克、白砂糖 45 克、黄油 100 克

香蕉面包用料：香蕉 300 克、鸡蛋 165 克、核桃 450 克、白巧克力 500 克、白砂糖 270 克、牛奶 135 毫升、低筋面粉 225 克、苏打粉 12 克、肉桂粉 3 克、色拉油 135 毫升、盐 3 克

上色用料：黑巧克力 50 克、黄巧克力 200 克（白巧克力 200 克 + 黄色油性色素 6 毫升）、绿巧克力 50 克（白巧克力 50 克 + 绿色油性色素 3 毫升）

做法：

1 制作香蕉卡仕达酱：将蛋黄、鸡蛋、白砂糖混合。香蕉果酱放入锅中大火煮开，取出后放入鸡蛋混合物，再放回锅中，中小火继续煮，边煮边搅拌，防止煳锅。煮至黏稠后倒出，降温至 37℃后与常温黄油搅拌均匀，放入冰箱冷藏一晚。

2 制作香蕉面包：烤箱 185℃预热，香蕉打成泥，核桃打碎。鸡蛋和白砂糖共同打发后加入香蕉泥、牛奶和色拉油搅拌。

3 搅匀后加入低筋面粉，苏打粉，肉柱粉和盐混合，再加核桃碎，倒入香蕉形模具，放进 185℃预热好的烤箱烤 20 分钟。

4 黄巧克力隔冰化开，放大理石上降温到 29℃。香蕉面包脱模冷却，从中心切开，加入香蕉卡仕达酱，放入黄色巧克力上色，即成黄色外皮。

5 在表面用毛笔蘸黑色巧克力，做出香蕉斑点，用毛笔蘸取绿巧克力做出香蕉根部。上色时若巧克力太稠，可用可脂稀释。

甜品制作：北京金茂万丽酒店　王博

蜜汁猪肉脯

分量 **3 人份** 时间 **1.5 小时（含腌制时间）**

原料 猪肉馅 500 克、白芝麻 8 克、盐 5 克、白砂糖 40 克、料酒 10 毫升、生抽 5 毫升、老抽 5 毫升、蚝油 15 毫升、蜂蜜 10 毫升、黑胡椒粉 2 克

做法：

1 猪肉馅中放盐、白砂糖、料酒、生抽、老抽、蚝油和黑胡椒粉，混合搅拌均匀，盖上保鲜膜，放冰箱冷藏腌制 1 小时入味。

2 取一张烘焙纸，将猪肉馅平铺后再用另一张烘焙纸盖住，用擀面杖擀压成薄薄的一层。

3 放入 180℃预热好的烤箱中烤 20 分钟，烤到一半时取出，双面刷蜂蜜、撒白芝麻，然后再继续烤熟即可。

南瓜子酥糖

分量 **4 人份**   时间 **20 分钟**

用料：南瓜子 400 克、白芝麻 30 克、黄油 10 克、盐 3 克、白砂糖 70 克、麦芽糖 60 克、水 50 毫升

做法：

1 烤箱 180℃预热，将南瓜子平铺在烤盘中，放入烤箱烤 8 分钟至熟。

2 白芝麻倒入平底煎锅中，小火加热，用木铲轻轻翻动，防止白芝麻出油后粘连到一起，待表面呈微黄色即可。

3 在锅中倒入白砂糖、麦芽糖、黄油、盐和水，混合均匀后加热，用探针式温度计测量温度到 135℃后关火。

4 烤好的南瓜子和白芝麻倒入锅中，用勺子搅拌均匀后，将锅中混合物倒在烘焙纸上稍整形，温度稍凉后切块（完全冷却后不易切成形）。

糖烤栗子

分量 **3 人份**　时间 **35 分钟**

用料：栗子 500 克、蜂蜜 20 毫升、色拉油 15 毫升、水 10 毫升

做法：

1 栗子清洗后晾干，用刀在表面划十字刀。

2 锅中放蜂蜜和水，加热并搅拌至冒泡。

3 将色拉油倒入栗子中拌匀，使栗子表面裹满油。

4 将栗子平铺在铺好锡纸的烤盘上，放进 200℃ 预热好的烤箱中烤 20 分钟。取出后将蜂蜜水刷在栗子表面，再入烤箱烤 5 分钟即可。

烤混合风味坚果

分量 **4 人份**　时间 **30 分钟**

用料：碧根果 60 克、核桃仁 60 克、腰果 60 克、榛子 60 克、大杏仁 60 克、迷迭香 2 枝、蜂蜜 30 毫升、橄榄油 15 毫升、海盐 5 克

做法：

1 烤箱 180℃预热，将所有食材放入大碗中混合搅匀，使坚果表面裹满蜜汁。

2 将混合坚果平铺在铺有烘焙纸的烤盘中，放入烤箱中烤 10 分钟后取出。将坚果翻面，把粘连在一起的部分坚果打散，再次放入烤箱中烤 15 分钟，取出后晾凉即可。

猫爪棉花糖

分量 **3 人份**　时间 **35 分钟**

用料：吉利丁片 5 克、蛋清 1 个、水饴 47 克、细砂糖 47 克、柠檬汁 1 滴、玉米淀粉 200 克、草莓粉 50 克

做法：

1　吉利丁片放冰水里泡软。玉米淀粉均匀地铺在烤盘里，放入 100℃预热的烤箱中烤 10 分钟，颜色微黄后取出。用鸡蛋圆的一头在烤好的玉米淀粉中按压出多个凹槽，成为盛放棉花糖的模具。

2　蛋清、10 克细砂糖和柠檬汁混合打发至硬性发泡。

3　取 37 克细砂糖，加 20 毫升水和水饴放到锅里，小火煮至 118℃，放入吉利丁片迅速搅拌至化开，再倒入步骤 2 中的大部分蛋白霜，装入裱花袋里，挤在玉米淀粉凹槽里。再将剩余的蛋白霜加草莓粉调成粉红色，装进裱花袋里，挤出猫咪脚掌肉垫的形状。若有气泡，可用牙签挑破。棉花糖降温后，将玉米淀粉撒一部分在棉花糖表面，可防止棉花糖互相粘黏。

TIPS　水饴有保湿作用，不使用水饴可将细砂糖增至 84 克，但会增加甜度，成品也会较干硬，不适合年龄小的孩子食用。

甜品制作：小酒晕晕

酸甜果丹皮

芒果果丹皮

分量 3 人份　时间 2.5 小时

用料：芒果肉 450 克、柠檬汁 25 毫升、柠檬 1/4 个

做法：

1 将芒果去皮、去核、切块，放入料理机中打成泥。

2 柠檬取皮（不要白色部分），擦成屑，加入芒果泥中，再倒入柠檬汁，搅拌均匀后倒入铺上烘焙纸的烤盘，用刮板轻轻刮平，厚度约 2 毫米。

3 将烤盘放入 100℃ 预热的烤箱烤制 2 小时左右，晾凉、卷成卷即可。

山楂果丹皮

分量 3 人份　时间 2.5 小时

用料：山楂 400 克、水 250 毫升、白砂糖 230 克

做法：

1 山楂洗净、去核，切碎备用。

2 山楂放入锅中，加入白砂糖和水，小火煮 10 分钟左右。

3 将煮好的山楂放入料理机中，打成细腻的泥。

4 烤盘上铺一层烘焙纸，倒入山楂泥，用刮板轻轻刮平，厚度约 2 毫米。放入 95℃ 预热的烤箱烤制 90~120 分钟，晾凉、卷成卷即可。

TIPS　将烤盘中的果泥刮平，使其厚度均匀，这一步很重要，否则容易在烤好之后出现还有一部分是潮湿、发黏的情况。

菜谱制作：小酒晕晕
菜谱提供：小小

格兰诺拉麦片

分量 5 人份　时间 35 分钟

格兰诺拉是近年的麦片新宠，由生燕麦片、坚果、果干、枫糖浆等混合烤制而成。便于携带，可以当作休闲零食，又可以作为早餐，用牛奶、酸奶冲泡。

用料：生燕麦片150克、玉米片60克、南瓜子仁50克、松子仁50克、蔓越莓干50克、椰子片15克、椰丝10克、椰子油30毫升、枫糖浆30毫升、蜂蜜20毫升

做法：

1 取一个大碗，放入生燕麦片、玉米片。

2 放入南瓜子仁。

3 放入松子仁。

4 放入椰子片和椰丝。

5 充分拌匀。

6 倒入椰子油、枫糖浆、蜂蜜，翻拌均匀，制成混合燕麦片。

7 烤盘铺烘焙纸，倒入混合燕麦片铺平，放入预热至150℃的烤箱，烘烤25分钟。烤至麦片呈金黄色，倒入蔓越莓干拌匀，晾凉后放入密封罐保存。

TIPS

1 烤制过程中，每隔10分钟可将烤盘取出，翻拌麦片使其受热均匀，以免烤煳。

2 可根据个人口味选择不同坚果及水果干，但需要注意不同坚果的烤制时间，水果干无须烤制。

图书在版编目（CIP）数据

贝太厨房.百变烤箱菜 / 贝太厨房编著 . — 北京：中
国轻工业出版社，2019.8

ISBN 978-7-5184-2492-4

Ⅰ . ① 贝 … Ⅱ . ① 贝 … Ⅲ . ① 电烤箱 – 菜谱
Ⅳ . ① TS972.129.2

中国版本图书馆 CIP 数据核字（2019）第 108669 号

责任编辑：胡　佳　　　　　责任终审：劳国强　　整体设计：锋尚设计
策划编辑：龙志丹　胡　佳　责任校对：李　靖　　责任监印：张京华

出版发行：中国轻工业出版社（北京东长安街6号，邮编：100740）

印　　刷：北京博海升彩色印刷有限公司

经　　销：各地新华书店

版　　次：2019年8月第1版第1次印刷

开　　本：720×1000　1/16　印张：12

字　　数：200千字

书　　号：ISBN 978-7-5184-2492-4　定价：49.80元

邮购电话：010-65241695

发行电话：010-85119835　传真：85113293

网　　址：http://www.chlip.com.cn

Email：club@chlip.com.cn

如发现图书残缺请与我社邮购联系调换

190127S1X101ZBW